독도의 해양 생태계 및 국제관계

독도의 해양 생태계 및 국제관계

초판 1쇄 발행 2023년 6월 15일
초판 2쇄 발행 2023년 9월 5일

지은이 김기태
발행인 김희영
펴낸곳 희담
편집 박찬규, 김희영
디자인 신미연

등록 제396-2014-000130호
주소 10362 경기도 고양시 일산동구 무궁화로 93번길, 23, 3층
도서문의 031-811-7721 / 팩스 031-811-7721
전자우편 mignon5@naver.com
블로그 http://blog.naver.com/heedampublisher
ISBN 979-11-958794-4-1 (03450)

책값은 뒤표지에 있습니다.

김기태

독도의
해양 생태계 및 국제관계

희담

Gallery

독도의 다양한 모습

서도 쪽의 바다에서 바라본 동도와 서도의 원경. 서도는 해발 168m의 고도이고 동도는 98m의 고도로 두 섬의 형세는 전혀 다르다. 독도의 바다를 360° 선회하면서 보는 독도의 면모는 매우 다채롭다.

독도의 다양한 면모. 독도는 화산의 분출로 생성된 화산암으로 이루어져 있다. 서도는 동도와 달리 아직도 바윗덩어리의 모습을 하고 있다.

독도에 서식하는 천연기념물 괭이갈매기. 천연기념물 제336호인 괭이갈매기와 파도 경관은 환상적으로 아름답다. 독도 연안에 부딪치는 대소의 파도는 하얀 포말을 일으키며, 괭이갈매기떼는 이런 자연환경 속에서 먹이를 찾으며 비상하고 있다.

동도의 다양한 원경. 동쪽에서 서쪽으로 바라본 동도와 서도의 경관은 독도의 다양한 면모를 보여준다. 해발 100m가 되지 않는 동도이지만 선박으로 섬을 선회할 때 보이는 경관은 각종 시설물들과 함께 다채롭다.

동도에 우뚝 선 등대. 먼 바다에서 조업을 하는 선박이나 항해 중인 선박에게 아주 긴요한 시설이다. 부수적인 시설로 독도 경비대의 숙소, 태양광 발전 시설 그리고 담수화 시설 등이 있다.

서도의 전경. 서도는 우뚝 서있는 산봉우리로서 면적은 3만3천여 평이며 가파른 절벽을 이루고 있다. 바위에는 토양이 거의 없기 때문에 초본의 생육도 거의 없다.

서도의 원경. 멀리서 보는 서도의 원경은 보는 각도에 따라서 다양하다.

독도의 주상절리. 독도를 이루고 있는 암석의 형태로 주로 주상절리의 진면모를 보이고 있다. 용암이 분출되어 층층이 쌓인 형상은 마치 켜켜이 쌓인 시루떡을 연상케 한다.

동도와 서도 사이의 모습. 동도와 서도의 최단 바다 거리는 175.7m이다. 여기에는 독도를 왕래하는 선박의 선착장과 방파제가 있으며 어부의 집도 있다.

삼봉도의 위용. 독도에 나란히 선 세 개의 산봉우리를 가리켜 삼봉도라고 한다. 바위산 세 개가 바다 위에 떠있는 삼봉도는 빼어난 경관을 보여준다.

독도의 접안 시설. 동도와 서도 사이의 방파제와 선착장. 독도는 육지에서 멀리 떨어져 있어 해양 세력이 강하며 높은 파도가 끊임없이 연안의 방파제에 부딪쳐서 선박의 접안이 쉽지 않다. 따라서 파도가 작고 바다 날씨가 화창할 때에만 배를 댈 수 있다.

한반도 인장과 수문장. 동도는 일본을 향해 있는 정 동쪽이 대한민국 인장의 지형을 하고 있다. 그리고 옆에는 한반도를 지키는 수문장 같은 모습의 바위산이 있어 국토를 지키는 표상과 같은 모습이다.

괭이갈매기. 괭이갈매기의 비상하는 모습은 평화롭고 안정된 생태계를 보여주는 듯하다. 독도는 괭이갈매기의 집단 서식지로 육상의 모든 토양이 괭이갈매기의 둥지라고 할 수 있을 정도이다. 괭이갈매기는 바다의 풍부한 먹이를 섭취하는데 깊이 자맥질하지 못하고 표면의 먹이를 주로 취한다.

독도 해역의 바다자연. 독도 주변 해역은 작은 바윗덩어리의 섬들과 물속에 잠겨있는 암초들이 모여서 독도의 도서 군을 이루고 있다. 독도 해역에는 대소의 작은 섬 36개와 암초 56개가 있다.

독도 주민의 숙소. 독도에는 주민들이 상주하여 살고 있다. 1대 주민인 최종덕 씨는 1965년 3월부터 1987년 9월까지, 2대 주민은 최종덕 씨의 사위 조준기 씨로 1981년 10월부터 1991년 2월까지 거주하였다. 3대 주민은 김성도 씨로 1991년 11월부터 2018년 10월까지 생활하였지만, 실거주인은 김성도 씨의 부인 김신영 씨였다. 2019년 12월 현재 독도 주민으로 등록한 세대는 14세대 14명이다.

독도의 시설. 동도는 서도에 비하면 원만한 지형으로 접근이 용이하다. 동도에는 등대, 기상관측소, 경비대 초소, 주민 주거지, 관리사무소 등 여러 관리시설이 있다. 면적은 2만1천여 평이다. 독도에는 주민, 독도 경비대원 40명, 해양수산부 관리원 3명, 독도 관리사무소 직원 2명이 근무하면서 상주하고 있다.

서문

최근 국제적으로 동해의 중요성이 부각되는 한편, 독도에 대한 일본의 영토권 주장도 고조되고 있다. 동해는 태평양의 내해로서 면적이 100만km²가 넘는 광역성 심해이다. 동해 남부해역의 울릉도와 독도는 해령으로 연결된 도서이다. 독도는 우리나라의 고유한 도서로서 풍부한 해양생물의 서식처일 뿐만 아니라 해양에너지자원이 보존되어 있는 해역이며 심해에 우뚝 솟아 있는 아름다운 경관의 섬이다.

독도의 자연이라고 하면 섬 자체만의 자연으로만 이해하기 쉬우나, 동해 남부 해역에 자리잡고 있는 섬의 대기와 기상, 바닷물의 자연 또는 육상의 자연에 이르기까지 섬과 주위환경의 '있는 그대로의 자연'을 일컫는다. 따라서 이 책에서는 해양과학에 중점을 두면서 바다의 자연

환경을 논하고 있다.

독도 해역도 수십 년 동안 알게 모르게 변하고 있다. 이는 지구의 온난화에 부응하는 현상으로, 기후도 바닷물도 변하고 있으며 그 속에서 자생하는 생물의 세계도 변하고 있는 것이다.

동해안으로 유입되는 동한류는 북극해에서 녹은 빙하의 얼음물이 알래스카만을 지나 알류샨열도를 타고 흘러내려 일본의 홋카이도를 거쳐서 동해로 흘러든다. 그런데 최근에 북극해의 빙하가 녹아 항로가 개척될 만큼 온난화 현상이 진행되고 있다.

한편, 열대해역에서 발생하여 남중국해를 거쳐 북상하는 쿠로시오난류는 대마도의 수로를 흘러 북상하는데, 이 난류가 동한류와 부딪히는 해역이 바로 동해안이다. 이때 부딪히는 해역의 위치는 해류의 세기와 수량에 따라 달라진다.

그런데 이러한 해류의 이동에 변화가 생기면서 어장의 위치도 달라지고 생물의 다양성에서도 두드러진 변화가 있다. 바다 자연이 변하여 아열대성 바다의 성격이 나타나기 시작한 것이다. 이에 따라 남하하는 어류에게도 해역의 변동이 일어날 수밖에 없고 북상하는 어류에게도 변화가 불가피하다. 형성되는 어장의 위치가 달라지고 있는 것이다.

독도 근해의 대화퇴어장은 수산 자원의 보고이다. 심해성 해역에서 수심 200m 이하의 대륙붕을 이루고 있어 어류의 서식 장소이자 산란장이기도 하다. 또한 먹이를 찾는 어류의 회유 장소이기도 하다. 이 대화퇴어장에서는 '신한일어업협정'[1]으로 우리가 많이 양보하였으나 다툼의 여지를 남겨 놓고 있다.

독도 해역에는 대황 같은 천연기념물이 미역, 다시마, 모자반 등과 같은 대형 갈조류와 함께 숲을 형성하여 바닷속의 절경을 이루고 있다. 다른 한편으로는 괭이갈매기의 집단 서식지로서 각종 조류가 서식하고 있는데, 이는 이들의 먹잇감이 바다 속에 많이 있기 때문이다.

5-6월에는 꽁치 떼가 이 해역을 회유하면서 떠다니는 모자반 위에 산란을 한다. 이때가 괭이갈매기의 병아리가 성장하는 시기이다. 어린 병아리의 먹이가 바로 꽁치 알인데, 괭이갈매기는 물속 깊이 자맥질을 하지 못하므로 수표면 가까이 있는 꽁치 알을 먹이로 섭취한다.

해중림 속에는 수많은 어류가 자생한다. 망상어는 난태생으로 치어를 직접 낳으며, 체외수정으로 번식하는 돌돔이 천적인 저서생물들을 밀어내며 주변 환경을 정리하는 모습 등은 감동적인 어류의 모성애와 부성애를 보여준다.

독도 해역의 모든 플로라(flora)[2]와 파우너(fauna)[3]는 해양생물 자원으

---

[1] 한일어업협정은 1965년과 1998년 두 차례 체결되었다. 한국과 일본 양국 사이 국교 정상화의 일환으로 1965년 6월에 체결된 조약의 공식명칭은 「대한민국과 일본 국간의 어업에 관한 협정」으로 같은 해 12월 발효되었다. 이후 1982년 「해양법에 관한 국제연합 협약」에 따라 새로운 국제 어업환경을 재정비하기 위한 조약이 1998년 11월에 체결되어 1999년 1월에 발효되었는데, 이 두 협정을 구별하기 위해 후자를 신한일어업협정이라고 부른다.

[2] 특정 지역이나 수역에 살고 있는 모든 종류의 식물.

[3] 특정 지역이나 수역에 살고 있는 모든 종류의 동물.

로서 육지에서 멀리 떨어져 있기 때문에 미세조류로부터 어류에 이르기까지 미기록종이나 신종이 드물지 않게 발견된다. 이는 학술연구에 있어 좋은 연구 대상이며 해양생물 자원의 주권을 확립하는 사안이기도 하다. 즉 이 해역에서 해양 연구를 하면 할수록 학술적으로 발전이 이루어지고 국력이 신장되는 것이다.

독도의 깊은 해역에는 많은 바닷속 산봉우리들이 있는데 마치 중국의 장가계와 원가계의 산봉우리가 삼사억 년 전에 해산을 이루었던 것과 비슷하며. 따라서 지사학적으로 지질박물관을 이룰 만큼 학문적 가치가 있다. 이곳은 아직 심층적인 해양과학 연구가 이루어지지 않아 처녀림 같은 곳이다. 이런 사실을 입증하기 위해서는 지질학적으로 독도의 형성 기원(origin of formation for Dockdo Island)에 대한 연구가 필요하며 전문가의 적극적인 참여가 있어야 한다. 2천-3천m의 해저에서 암석, 돌멩이, 침전물 또는 퇴적층 등을 채취하여 연구 분석할 필요가 있다.

이 책은 『독도, 바다 자연과 지리적 중요성』(2016)에 내용을 대폭 추가한 증보판이며, 『독도와 동해 연구』(2007)의 영어 논문도 2편 포함시켰다. 독도에 대한 학술 논문이 일본에 비해 왜소한 편이어서 독도 연구가 학술적으로 또는 국토방위의 차원에서 진작되었으면 하는 바람에서 재수록한 것이다.

새로운 내용으로는 바다를 사이에 두고 우리나라와 가까운 거리에 있는 일본지역의 자연환경에 관한 내용을 추가하였으며, 섬 민족이 지니는 대륙에 대한 욕망, 식민지 시절의 잔혹한 제국주의의 만행, 태평양 전쟁에 대한 연합군의 승전 과정과 우리나라의 해방과 독립에 대해 단편적이지만 중요한 역사적 사실을 소개하였다.

일본은 근원적으로 화산, 지진, 빈번한 태풍에 시달리는 자연환경 속에 있는 반면에 우리나라는 안정되고 살기 좋은 풍토 속에 있다. 이에 대해 일본 사람들은 태생적이고 원초적인 탐욕을 지니고 있는데, 이런 본성이 이웃나라와의 전쟁과 약탈 행각으로 나타났고, 역사적으로 심각한 오점을 남기고 있다.

제2차 세계대전 과정에서 연합군이 일본의 군국주의를 패망시키기 위해 벌인 열강의 수뇌 회담 몇 가지를 소개하였다. 일본의 패망으로 우리나라는 광복이 되었으나 그때 그어진 분단의 장벽이 아직도 남아 있다. 이 책에는 이러한 내용도 다소 소개하였다.

최근 들어 한일 관계는 얽히고설키며 복잡해졌고, 이해관계가 첨예하게 대립하여 서로에게 이득이 되지 않는 방향으로 흐르고 있다. 이 책이 한일 관계에 있어서 냉철한 성찰과 이해에 도움이 되었으면 한다.

우리나라는 극동 아시아 대륙의 끝자락에 자리잡고 있지만 태평양 주변의 여러 나라들과 만나는 곳에 위치하고 있다. 다시 말해서 한반도는 대륙과 해양을 잇는 다리인 셈이다.

최근에는 독도 해역에서 강대국들이 군사 합동 작전을 실시하면서 이곳이 마치 세력의 각축장처럼 긴장이 고조되었다. 일본, 러시아, 중국의 전투기가 출몰하고 우리나라 전투기도 출동하여 일촉즉발의 순간을 연출하기도 하였다.

일본은 터무니없이 독도를 "다케시마"라고 주장하면서 자기네 고유한 영토의 영공을 침범한 전투기에 위협사격을 가했다고 시비를 해 왔다. 적반하장의 억지를 쓰고 있는 모습이다.

일본은 2020년 1월 20일 도쿄의 번화가에 다케시마 홍보관을 대대적으로 꾸며서 홍보를 하고 있다. 일본은 러시아와 중국에 대해서도 영토분쟁을 하고 있는데 그러한 분쟁의 소용돌이 속에 독도까지 끼워 넣으려고 안간힘을 쏟고 있는 것이다.

한 나라의 국토는 자연적으로 형성된 지형에 기반을 둔다. 그리고 국가의 생성, 소멸은 역사 속에서 비일비재하다. 열강들은 세상 지도를 바꾸기도 하고 알 수 없는 미궁으로 밀어 넣기도 한다. 국가 간의 갈등, 분쟁, 싸움은 국가의 명운을 좌우한다. 인류의 역사도 유구한 지사적 흐름 속에서 한때 반짝하는 하루살이 같지 않은가?

일본은 우리나라와 이웃하는 국가로서 오랜 역사 속에 정치, 경제, 사회, 문화, 예술 등 모든 분야에서 서로 주고받으며 밀접한 관계에 있다. 동시에 이해관계가 첨예한 사이로 불행한 역사도 가지고 있다.

일본은 한때 한반도를 강점한 잘못을 털어버리고 미래를 향하여 서로 협력하면서 평화롭게 살아가야 함에도 불구하고, 논리에 맞지 않는 억지로 독도의 영유권 문제를 끈질기게 주장하고 있다. 이로 인하여 두 나라는 극심한 갈등을 빚고 있다.

최근 문재인 정부가 중·러·북한에 유화적 성향을 보이자, 일본은 미국과 동맹을 강화하면서 군사적 우위성을 우선과제로 삼고 있다. 그러나 현재 윤석열 정부는 한·미·일의 협력관계를 공고히 함으로써 국방력의 기조를 전 정부와는 달리 하고 있다. 어쨌든 한일 갈등이 증폭될수록 일본은 안보상 독도에 대한 야욕이 커졌는데 이제는 상습화되어 있다.

독도에 대한 우리의 영유권은 요지부동하게 확고하다. 그럼에도 일본으로부터 잡음이 들리는 것은 바람직하지 않다. 독도는 동해의 보물처럼 솟아 있는 우리의 섬이다. 외세와는 무관한 고유한 우리영토인 것이다.

삼면이 바다인 우리나라는 해양국가로서 최서단에는 백령도($46.1km^2$)가 있으며, 최남단에는 마라도($0.3km^2$)가 있다. 또 동쪽 끝에는 독도가 서울에서 434km 거리에 있다. 울릉도의 면적이 $73.2km^2$이고 독도는 $0.186km^2$이다. 울릉도가 독도보다 약 400배나 큰 섬이다. 그러나 해양 영토로 본다면 오히려 독도가 울릉도보다 두 배나 크다. 우리나라의 해양 영토는 43만8천km^2로서 국토면적의 두 배 정도이다.

독도 해역은 동해의 수산 자원과 해양 개발의 거점 지역이다. 처녀림처럼 전개되는 독도 해역의 해중림은 중요한 천연자원이며 자연보호의 대상이기도 하다. 독도 해역은 우리나라의 해양자원의 마당이나 다름

없다.

 옛말에 '지자요수(知者樂水)'라는 말이 있다. 바다를 알고 즐기는 민족은 크게 흥성했고 국가 발전에 크게 기여한 사실을 영국에서 볼 수 있다. 이 책으로 독도 연구에 조금이나마 활력을 불어 넣는 기회가 되었으면 한다. 그리고 일본은 독도를 넘보는 일을 끝냈으면 한다.

 최근 몇 년 동안 세계적으로 코로나의 가혹한 역병과 급속한 전자정보의 발달로 출판의 시대적인 흐름이 쇠퇴하여 출판계가 위축된 현실에서도 원고를 수주하여 정성껏 출판한 희담출판사의 김희영 사장님을 비롯하여 편집을 맡아서 고생하신 박찬규 대표님과 신미연 디자이너님께 감사드리며, 책이 나오기 까지 노고를 아끼지 않은 여러 분들께 거듭 감사를 드린다.

2023년 6월
저자 김기태

차례

화보 : 독도의 바다 자연과 해양생물 7
서문 25

1부 / 독도의 해양 생태계

1장 독도의 기후와 해류
독도의 기후요인 43 / 독도와 명칭 50 / 독도의 해류 55
해양의 존재, 우리나라의 바다 59 / 독도는 역사 속에서도 우리 땅 63
독도와 일본의 교과서 해설서 66 /

2장 독도 해역의 수온과 염도
독도의 수문학적 성격 – 수온 73 / 독도의 수문학적 요인 –염도 82
반도 자연과 우리 민족 88 / 독도와 시마네현과 돗토리현의 자연 92
일본의 해양조사와 해저 자원 95

3장 독도 근해의 영양염류와 해양 생산
독도의 영양염류 103 / 독도의 식물 플랑크톤 108
해양 생산의 구조 111 / 독도의 어업 전진기지로서의 기능 114

4장 독도의 해중림(海中林)과 식생
독도의 해중림과 생태계 119 / 세계의 해중림 123
홋카이도, 이시카리만의 오타루항 127
대마도, 비련의 덕혜 옹주와 망국의 한 130

5장　일본의 해양과 한일의 역사
　　화산과 지진의 나라, 일본　137 / 일본의 해양 양식　139
　　해양과학으로 본 일본　142 / 일본의 지리환경과 후쿠시마 원전　144
　　일본의 조선 침략과 한일병합조약　147 / 열강들의 독도 영공 침범　150

2부 / 독도의 괭이갈매기와 민족의 수난기

1장　독도의 괭이갈매기
　　괭이갈매기 군락　157 / 대마도(쓰시마 : Tsushima)의 바다 자연과 영토권　161
　　바다의 약육강식 : 대륙붕의 의미　165
　　제2차 세계대전과 열강의 회담　168 / 카이로회담과 테헤란회담　171

2장　독도, 민족 수난의 역사를 함께하다
　　민족의 수난기와 독도　177 / 자연이 다른 두 나라 : 왜구와 임진왜란　180
　　임진왜란과 도요토미 히데요시　185 / 일제 강점기 시절　188
　　관동(關東 : 간토) 대지진과 조선인 학살사건　192

3장　독립운동과 독도
　　올림픽으로 조명된 독도　197 / 독도와 샌프란시스코 조약　200
　　안중근 의사와 이토 히로부미　202
　　3.1운동 직후의 제암리 학살사건과 독도함　204
　　윤봉길 의사와 상해 독립운동　207

4장 바다 넘어 고통의 시대
센카쿠열도와 중일 갈등 213 / 오키나와의 역사와 미국의 군사 기지 215
군함도의 강제 노동 219 / 종군 위안부의 고통 222
우키시마호의 참사사건 226 / 크림반도의 얄타회담 229
베를린 근교의 포츠담회담 232

3부 / 독도의 중요성과 국제적 위상

1장 독도의 자연경관
독도의 아름다운 자연경관과 다양한 생태계 239
독도 육상의 자연경관 244 / 독도의 식생 248
독도와 다케시마의 날 256

2장 독도의 지정학적 중요성
독도의 망상어와 아귀의 속성 261 / 독도는 군사 요충지 265
독도는 안보의 최전방 270 / 진화, 인간의 극상시대 274
국가의 멸망, 국운을 바라보며 277

3장 독도 근해의 대화퇴어장과 해양자원
대화퇴어장과 신한일어업협정 283 / 격랑과 해양학 286

4장 독도의 실체와 국제 위상

독도의 실체와 공생 공략의 길 291 / 독도와 한반도 깃발 294
일본과 국제 사법 재판소 297 / 독도 연구의 필요성 300
대한 독립과 민족의 자존(自存) 302

부록 / 독도 연구

1. Marine Ecosystem on Docdo and Ullŭngdo islands

① History of Dokdo Island   312
② The Nature and Geography of Dokdo Island   316
③ The Marine Ecology of Dokdo   318
④ The Marine Ecology and Fisheries of Ullŭng islands   321
⑤ Sovereignty Dispute over Dokdo between Korea and Japan   324

2. Biological Characteristics and Preservation of Dokdo Island

① Flora and Fauna of Dokdo Island   329
② Nature Preservation of Dokdo Island   332
③ Korean Sovereignty over Dokdo Island   333

참고문헌 337
에필로그 : 독도 연구의 시작 342 / 갈매기 346 / 그래도 희망을 찾아서 347
찾아보기 350

1부

독도의 해양 생태계

1장

독도의 기후와 해류

독도의 기후요인

독도와 명칭

독도의 해류

해양의 존재, 우리나라의 바다

독도는 역사 속에서도 우리 땅

독도와 일본의 교과서 해설서

독도의 기후요인

해양학에서는 수문학적[4] 요인을 조사, 연구하는 것과 더불어 일조량, 증발량, 기온, 바람, 비, 눈 같은 기후적 요인을 연구하는 것도 필요하다.

독도의 육상이 우리 영토의 자연환경인 것처럼 독도 해역의 기상 또한 우리나라의 고유한 영토다. 독도의 기상요인을 실측하여 자료로 축적할 수 있는 것은 우리나라만이 누릴 수 있는 권한이다.

독도의 상공에서 실측된 여러 가지 기상 파라미터를 기상월보에 게재하는 것은 영유권적 의미가 있고, 해양학자뿐만 아니라 이 분야에 관심이 있는 전문가들에게 긴요한 연구 자료를 제공하는 국가적 업무이다.

4 수문학(hydrology) : 지구의 물을 연구하는 과학으로 지표의 하천과 호수 그리고 지하수를 포함하는 물의 흐름과 특성을 취급하는 지구 물리학의 한 분야.

나는 이러한 점을 감안하여 이미 오래전부터 독도에 대한 기상요인의 실측치가 기상 월보에 기재되어야 함을 관계 당국에 건의한 바 있으나, 20여 년이 지나도록 개선되지 않았다. 현실적으로 독도는 수시로 뜨거운 감자로 달아오르고 있음에도 불구하고, 이러한 조처는 유보되고 있다. 다시 이 자리를 빌려 기상 월보에 독도의 실측치를 기재함으로써 이 자료를 다양하게 활용할 수 있도록 해 달라고 건의한다. 국력에 보탬이 되는 일이다.

독도는 심해에 드러난 아주 작은 땅덩어리로 동해의 영향 속에 묻혀 있다. 따라서 독도 지역은 땅의 개념보다는 바다와 하늘, 즉 대기가 맞닿아 영향을 주고받는 현장으로 보아야 한다.

이 해역의 기후요인은 해양의 수문학적 요인뿐만 아니라 해양 생물학적 변화에도 커다란 영향력을 지닌다. 바람은 수계의 각종 파라미터에 크고 작은 변화를 직간접적으로 행사한다. 바람의 강도, 방향, 속도와 연속성은 해류를 일으키는 요인으로, 이로 인한 먹이사슬과 어장의 형성을 통해 생태적으로 바다를 살아 움직이게 하는 근원이 된다.

기후요인과 수문학적 요인은 불가분의 관계로, 기온은 수온에 영향을 미쳐서 수문학적 계절 변화를 초래한다. 일조량은 증발량에 영향을 미칠 뿐만 아니라 수온, 염도, 밀도, 수소이온 농도, 광합성 색소량 등과 같은 수문학적, 생물학적 파라미터에 영향을 미친다. 일조시간과 빛의 강도는 식물 플랑크톤의 광합성 기능과 직결되어 있으며, 이는 해양생물의 총량을 결정하는 요인이다.

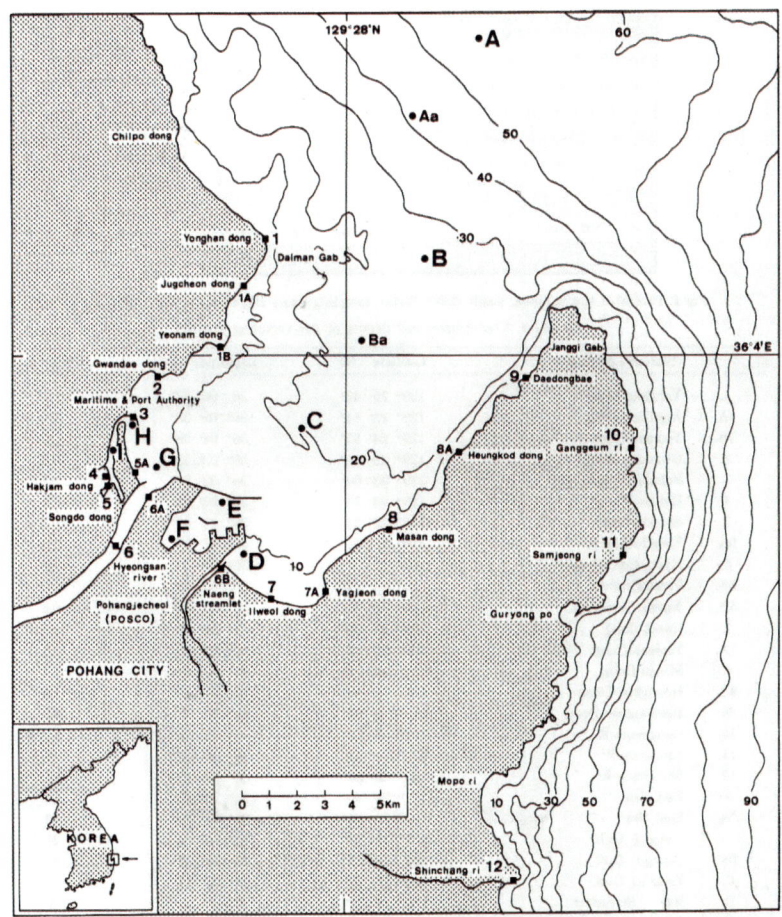

[그림 1] 영일만 해역을 비롯하여 인근 해역에서 1985년 8월부터 1986년 12월까지 해양의 다양한 파라미터가 조사, 연구되었다. A, B, C…로 표시된 정점은 선박을 활용하여 실시한 실험정점이며 1, 2, 3…으로 된 표시는 해안에서 수행한 실험정점이다.

1부 독도의 해양 생태계 45

강우량은 바닷물의 염도를 희석시키는 요인으로 작용한다. 일반적으로 수표면의 염도는 심층수의 염도보다 낮으며, 수심별 바닷물의 밀도변화는 염도와 유사한 변화를 지닌다. 강우량은 이러한 여러 물리적 현상을 주도하며, 해양 생태의 변화를 유도한다.(그림 2)

독도는 동해의 한가운데 위치하여 해양의 기압이동과 잦은 비 때문에 강우량은 많은 편이며 쾌청한 날이 상대적으로 적어서 광합성 작용에 적지 않은 영향을 주는 환경이다.

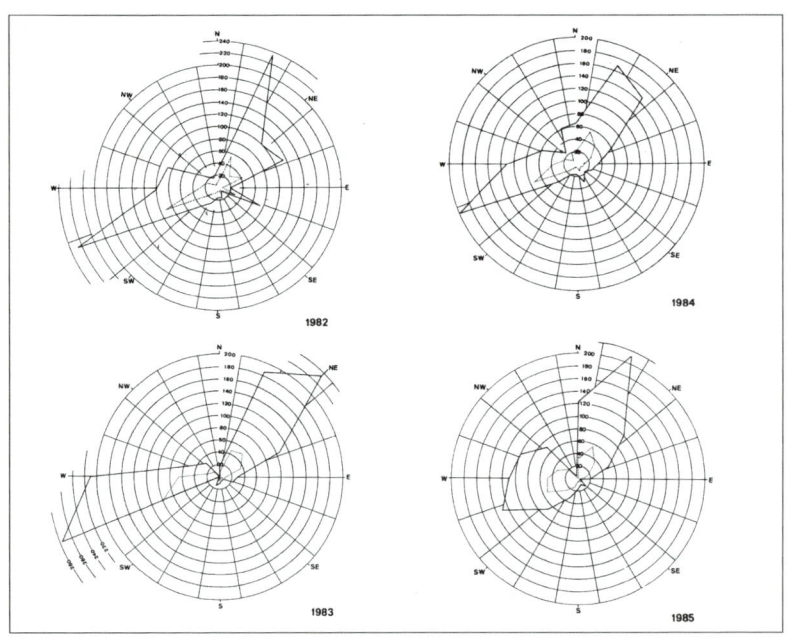

[그림 2] 1982년부터 1985년까지 포항 지역에서 관측된 풍향과 풍속에 대한 기상청의 기상월보 데이터에 의거하여 작성된 것으로서 NE방향의 바람과 WWS방향의 바람이 두드러지게 강력한 위력을 나타내고 있다.

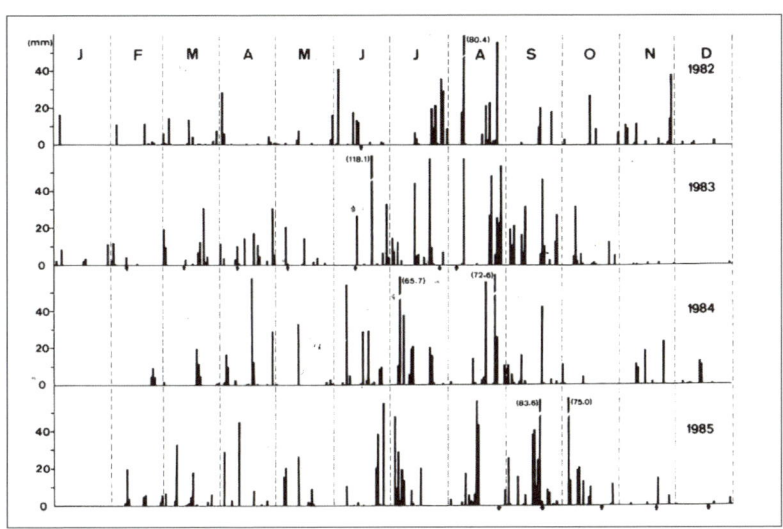

[그림 3] 1982년에서 1985년까지 포항 지역의 각종 바람의 크기를 일별로 나열하여 표출하고 있다. 이 해역에 나타나는 바람의 성격과 세기가 1년 365일 표시되었다. 지역적 성격뿐만 아니라 계절적 성격이 해수와 어떤 상관관계를 지니고 있는가 연구할 수 있다.

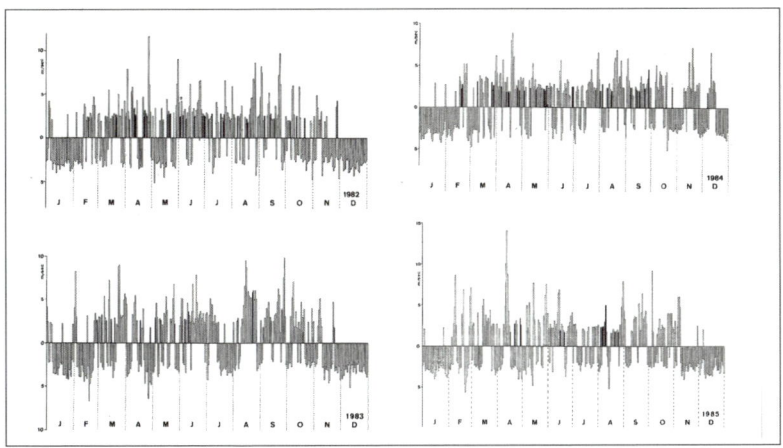

[그림 4] 1982-1985년 포항 지역에서 관측된 강우량을 그래프에 표시하였다. 우기, 건기 또는 계절적 변화를 식별할 수 있게 하며 해수의 변화 또는 영향과 어떤 관계가 있는가를 가늠하게 한다.

1986년 영일만 해역의 기후요인에 대한 연구의 모노그래프는 독도의 해양 연구에 참고가 될 수 있어서 간단히 소개한다.

영일만의 기상요인의 분석은 이 해역의 해양학적 성격을 파악하는데 기여할 뿐만 아니라 기초과학적 의의가 있다. 위의 그래프는 포항 지역의 기상청이 실측한 자료를 활용한 것이다. 여러 가지 기상 파라미터 중에서 바람과 강우량에 대한 것만 실례로 들었다.

영일만에서는 바람의 방향과 강도에 따라서 뚜렷한 지역적 특성을 보인다. 주목할 것은 영일만의 지형적 구조가 장방형을 이루고 있는데 (그림 1) 북동(NE)쪽으로 40여 도 기울어져 있고, 바람의 빈도와 강도 역시 북동(NE)쪽으로 아주 우세하게 불고 있다는 사실이다. 또한 북동의 바람과 맞먹는 강력한 바람은 서서남(WWS)쪽의 바람으로서 영일만의 구조적 형태와 바람의 방향이 완전히 일치하고 있음을 나타낸다. 이렇듯 자연환경의 위치와 기후에 따라 지역적 특성이 나타나듯 해양 또한 그렇다.(그림 2)

바람의 강도와 빈도는 해양의 성격에 크게 영향을 끼쳐 해양 생태계에 밀접하게 작용한다. 다시 말해서, 바람은 용승작용(upwelling)을 주도하기도 하며, 연안 해류를 발생시키기도 하고, 식물 플랑크톤의 번식과 물꽃현상(적조현상)을 유도하기도 하며, 어류의 이동을 이끌어내는 원동력이 되기도 한다.(그림 3, 4)

강우량의 해양 생태학적 연구는 일 년 단위로 매일의 강우량을 그래프에 표시하여 시공간적 성격을 고찰하며 다른 파라미터와의 상관성을 규명할 수 있다. 여러 해에 걸친 계절적 또는 연간 변화는 생태 변화를 연구하는 데 좋은 지침이 된다. 다시 말해서, 해수의 염도에 영향을 미치는 강우량은 염도에 따른 해양생물의 발생, 번식, 이동 또는 사멸 등의 원인이 될 수 있어서 해양 생태계의 변천에 영향을 미치는 것이다.(그림 4)

1982년 필자가 마르세유의 자연사 박물관 학술지(Bull. Mus. Hist. Nat. Marseille)에 발표한 기상요인에 대한 논문은 해양 성격을 밝히기 위한 모노그래프이다. 이 논문에서는 기후적인 계절과 수문학적인 계절에 대하여 심도 있게 논하면서 수계에 영향을 미치는 기후요인인 기온, 일조량, 증발량, 바람의 강도와 방향, 강우량 등의 방대한 데이터를 분석함으로써 기후요인이 수계에 미치는 영향을 집중적으로 논하였다.

독도와 명칭

 2008년 7월 28일 미국지명위원회(BGN : Board on Geographical Names)가 독도를 한국령에서 주권 미지정(Undesignated Soverignty)의 섬으로 재분류하기로 결정했다는 보도는 우리에게 엄청난 당혹감을 불러일으켰다. 이것은 전해 1월 전 세계 50여 개 분쟁지역 전체를 주권 미지정으로 지정한 조치의 일환이었다.
 그러나 세계적인 권위를 지닌 내셔널 지오그래피(National Geography)의 제8판(2004년 11월 발간)에서는 독도를 Dokdo(Takeshima, Liancourt Rocks)로 표기하였으며, 부기로 독도는 남한이 관할하고 있으나 일본이 영토권을 주장(Administered by South Korea; claimed by Japan)하고 있다고 기술함으로써 제3자의 객관적인 표현으로 독도가 우리나라의 영토임을 나타내고 있다.

그러나 프랑스의 위니베르살리스 백과사전 출판사는 2008년도 판에 로셰 리앙쿠르(Rocher Liancourt ; Tok-do ; Take-shima)로 표현하고 있다. 그리고 영국의 브리태니커 백과사전 출판사는 리앙쿠르 록스(Liancourt Rocks)라고 표기하고 있다.

이러한 표기는 지역적인 사실을 통찰하지 못하고 합리성이 결여된 구시대적 발상에서 나온 것으로 식민지 개척 시대에 강대국들의 영토 확장을 위한 식민 정책적 사고의 유물이다. 주권이 명백하고 고유한 이름이 있는 남의 나라의 섬의 이름을 자기들이 한 번 지나갔다고 멋대로 작명하고 주인 노릇을 하려 드는 것은 일고의 가치도 없는 망발이 아닐 수 없다. 또한 그런 이름이 저명하다는 백과사전에 실려 있다는 것은 분명한 시대착오적 오류이다.

프랑스의 고래잡이 선박 리앙쿠르호는 361톤 정도에 불과한 선박으로 19세기(1849년 1월)에 시대적 흐름에 따라 일확천금의 노다지를 캐러 낯선 바다로 나가게 되었고, 멀고 먼 동해까지 와서 주권이 있는 섬, 독도에 자기들이 타고 다니던 배 이름을 붙였다. 이러한 의미 없는 이름이 망령처럼 오늘날까지 살아남아 국가들 사이에 분쟁의 불씨가 된다면 현대판 코미디가 아닐 수 없다.

이것은 마치 옛날에 어느 명문 세도가의 아버지와 아들(父子)이 먼 지방의 명산대천을 구경나갔다가 경관이 아름다운 큰 바위에 마음이 끌려서 "아버지 아무개 바위"라고 이름을 새기고, 그 밑에 있는 준수한 바위는 "아들 아무개 바위"라고 새겨 놓았다면 과연 그곳이 자기 땅이

되겠는가? 세월이 아무리 흘러도 원주인의 소유에는 아무 변화가 없는데, 옛날 내가 지나가다가 이름을 붙인 바위라고 소유권을 주장한다면 얼마나 우습고 황당한 일이겠는가?

당시 발생한 독도 명칭의 해프닝은 다행스럽게도 우리 정부의 신속한 외교 대응으로 미국의 부시 대통령의 지시(2008.7.29)로 콘돌리자 라이스 국무장관이 주도하여, 미국지명위원회((BGN)가 독도 표기를 주권 미지정 지역에서 한국령으로 되돌려 놓도록 논의를 하였으며, 부시 대통령이 방한(2008.8.5)하기 전에 회복될 수 있도록, 우리 정부가 적극적이고 신속한 노력을 함으로써 2008년 8월 1일 "독도는 한국 땅"으로 원상회복되었다.

불과 며칠 동안의 해프닝이었지만 우리에게는 너무나 길고 힘든 시간이었다. 이와 같은 돌발사건이 언제 어디서 어떻게 발생할지 예측하기 어려운 것이 독도에 관련된 여러 가지 사안들이다. 특히 이웃하고 있는 나라에 의하여 야기되는 숙명적인 영토권 문제를 현명하게 헤쳐 나가는 것이 필요하다.

일본이 독도를 다케시마(竹島 : 죽도)라고 부르면서 영토권을 주장하는 것은 그 명칭 하나만 보아도 터무니없다. 우리가 부르는 독도(獨島)는 옛날에 본토로부터 멀리 떨어져 외롭게 홀로 있다는 의미를 지니지만, 일본이 임의로 붙인 竹島(죽도)라는 말은 "대나무섬", 대나무가 많이 자라는 섬이라는 것이다. 이 자체가 역사적 사실 왜곡이며 근원적

착오이다.

독도에는 애초부터 대나무가 자생하지 않았다. 일본 시마네현의 어부가 대나무가 왕성하게 자라고 있는 울릉도의 어느 해안 계곡에서 물고기를 많이 잡아가면서 그 섬을 '죽도'라고 부르기 시작했고, 이 사실이 일본의 시마네현 수산직원에게 전달되어 竹島(죽도), 즉 '다케시마'라는 이름이 붙게 된 것이다. 따라서 이것은 완전하게 장소의 착각에서 비롯된 것이다.

울릉도는 강우량이 많고 수목이 무성하다. 그래서 해안 계곡으로 흘러내리는 담수량 역시 많으며 섬의 해안 계곡마다 원시림이 덮여 있고 대나무가 울창하게 자라고 있다. 이것은 옛날이나 지금이나 큰 차이가 없는 자연환경이다. 또한 이러한 해안 환경에서는 물고기가 서식하기 아주 좋다.

이것은 우리 조상들이 한결같이 전해주는 증언으로, 울릉도에서 대대로 살고 있는 주민들의 조상, 즉 선대로부터 내려온 사실이다. 해안에는 대나무가 무성했고 물고기가 많아서 죽창으로 물고기를 찍어서 어획했다는 것이다. 이런 울릉도에서 어업을 해본 일본인이 그 지역에 붙인 이름이 바로 다케시마(竹島 : 죽도)다.

다시 말해서, 일본인 어부는 울릉도의 어느 계곡의 해안지역을 독도로 착각을 하고, 그곳을 "다케시마"라고 했는데 이 헛지명이 실제의 섬 이름인 양 둔갑한 것이다. 터무니없는 것도 계속 주장하다 보면 사실인 듯 보이기 마련이다. 따라서 일본이 이러한 허무맹랑한 근거로 영유권을 주장하는 것은 언어도단이며, 국제 사법 재판소까지 끌어들이려 하는 것은 그야말로 국제적 코미디나 다름없다.

독도의 해류

　　　　　　　　　독도의 해류에 대한 연구는 해양학, 수산학, 나아가서는 지정학의 관점에서 기본적이고 중요한 연구 과제이다. 해류는 해수의 물리, 화학, 생물학적인 요인들을 전반적으로 지배하고 있으며, 독도 해역의 고유한 성격을 밝히는 데 기여한다. 특히 일본이 수시로 영토권을 주장하고 있는 상황에서 독도에 대한 기초과학 연구의 수행은 국력에 큰 도움이 될 것이다.

　해수 유동은 수온, 염도, 밀도, 용존 산소량, 각종 영양염류의 함유량 등과 밀접한 관계를 가지며, 해양 생태의 근간을 이루는 환경 요인이다.

　동해의 한가운데 위치한 독도 해역은 난류인 쿠로시오 해류가 대마 해역을 거쳐 북상하고, 북쪽으로부터는 한류인 리만 해류가 남하하며, 두 해류가 부딪히면서 독특한 조경 수역을 이룬다.

이와 같은 난류와 한류의 상충은 비옥한 해황을 만들고 어장을 형성한다. 예로써 1939년에 동해에서 잡힌 정어리의 어획량은 139만 톤에 달했는데, 이는 단일 어종으로는 세계적인 기록으로 동해가 세계 3대 어장으로 부상했던 요인이기도 하다.

이러한 정어리의 대량 어획은 난류와 한류가 부딪치면 해수의 물리적인 현상으로 무게가 가벼운 더운 물이 찬물 위에 깔리게 되고, 더운 물을 따라 이동하던 어류가 찬물 덩어리를 견딜 수 없어 적정 수온의 물덩어리로 몰려들면서 나타난 현상이다.

어류가 대량 이동할 때, 난류의 수층이 얇아질수록 수면에 가까이 있던 어류는 저층의 냉수를 접하는 어류 집단의 저돌적이고 필사적으로 치받는 힘에 의해서 수면 위로 밀리게 된다. 따라서 수표면 쪽에 있던 물고기 떼가 들어 올려져 수면 위로 쌓이는 기현상이 연출되는 것이다.

동해에서는 이러한 현상으로 1937년부터 1939년까지 기록적인 정어리의 어획량을 보였다. 청진을 비롯한 동해안에서 대량으로 어획된 정어리는 어유(fish oil) 생산 등 여러 가지 용도로 사용되었고, 심지어 처치가 곤란하여 비료로 사용되기도 하였다.

그러나 현재 동해의 정어리는 꽁치 같은 어종으로 대체되어 거의 잡히지 않는다. 그 원인은 산란 해역이 오염되어 부화에 문제가 있기도 하고, 해수 온도의 변화로 해양 생태계가 변했기 때문이기도 한 것으로 보인다.

한편, 독도 해역에서 발생하는 블루콘(Blue Corn) 현상에 따른 용승현상은 막대한 영양염류를 표층으로 내보내면서 감태나 대황 같은 해조류를 폭발적으로 증식시키며, 먹이 피라미드의 형성도 이상적으로 이루어지게 한다. 이러한 피라미드의 상층부에는 각종 어류들이 서식하면서 좋은 어장을 이룬다.

블루콘은 쿠로시오 난류나 리만 한류가 막강한 힘으로 밀려오는 길목에 대마도나 독도처럼 진로를 방해하는 섬이 있거나, 해저의 해령 또는 해산의 절벽이 해류의 진로를 방해함으로써 생기는 현상이다. 강력한 힘을 지닌 해류가 방해물과 정면충돌하면 심한 소용돌이가 생기기 마련이고, 이때 바다 밑바닥에 쌓인 영양염류를 수중으로 떠오르게 하면서 용승현상(upwelling)이 발생한다. 이런 현상은 해양생물을 폭발적으로 증식시키는 원동력이자 해양생물 자원의 저변이 된다.

독도의 해중림에서 나는 감태와 대황의 막대한 생산도 이러한 용승현상으로부터 비롯되는 것이다. 이들은 해양 생물학으로뿐만 아니라 수산업적으로도 중요하기 때문에 해양학자들의 관심과 수문학적 연구의 대상이다.

독도 해역에서 난류와 한류의 해수 유동은 저층수와 표층수의 성격을 전혀 다르게 만들고 있다. 이러한 환경에 있는 다양한 수질 파라미터의 성격을 파악하기 위한 연구는 해양학의 기본 사항이다. 나아가서 장기간의 수문학적 데이터를 집적하고 해류 유동 상황을 도식화 하는 것은 연구의 기초 자료이다.

독도 해역에서 발생하는 용승현상은 막대한 영양염류를 표층으로 내보내 대황의 막대한 생산을 가져온다.

따라서 독도 연안의 고유한 연안류나 이곳의 해류 유동에 따른 모노그래프적 연구가 시공간적으로 끊임없이 이루어져야 한다. 독도 해역의 해류 유동은 이 해역을 경영하는 데 절대적으로 필요하다. 이것은 독도의 해양 생태계와 수산 자원을 측정하는 데에도 중요한 자료가 되는 것이다. 『세계의 바다와 해양생물』(김기태, 2008)에서 쿠로시오 해류의 성격을 더 찾아볼 수 있다.

해양의 존재,
우리나라의 바다

우주는 무한광대한 공간이다. 태양계는 우주 속에서 아주 작은 공간을 차지하는 별들의 집단이다. 그 가운데 참으로 보잘것없이 작은 지구지만 우리에게는 무한히 광활한 세상이다.

이 아름다운 지구, 반짝이는 바다를 지니고 있는 지구는 무엇보다도 생기발랄한 생물들이 나고 지며 생활하는 낙원이다.

이 우주 속에서 원시 지구가 태어났고 무한한 세월의 흐름 속에 바다가 생겨났다. 그리고 생명이 태어났으며 인류가 탄생하고 문화가 형성되었다. 과학기술이 아무리 발달했다 해도 무한한 시공간 속에 생성, 소멸하고 있는 자연의 이치를 소상하게 밝혀내기는 불가능하다.

1904년 라이트(Wright) 형제가 미국 서부에 위치한 대서양변의 바닷가 모래사장에서 첫 비행에 성공하면서 비행 기술은 일취월장 장족의 발전을 거듭하여 축지법을 실현시키는 단계에 이르렀다. 참으로 경탄스러운 일이 아닐 수 없다.

불과 100여 년 전만 해도 영남의 선비들은 열흘 또는 보름의 시일 동안 태산준령 같은 문경 새재를 넘어 한양으로 가서 과거시험을 보았다. 험하고 험한 산길에서 산적을 만나면 속절없이 모든 것을 다 빼앗기거나 목숨을 잃기도 했으며, 호랑이도 만날 수 있는 위험한 여행이었다. 따라서 산적을 만나 목숨만 보존할 수 있어도 천지신명의 은덕이라고 했다.

오늘날 도로는 문경새재를 어떻게 변모시켰는가? 이제는 북극의 자연을 관찰하고 한참 자고 일어나면 남극에 도달하는 초고속 비행의 시대가 되었다. 상대적으로 지구의 거리는 대단히 좁아진 것이다.

지구 환경에서 바다는 인류에게 대단히 넓고 광활한 곳이다. 태평양 하나만 보아도 우리나라 면적의 1천6백 배가 넘는다. 바다는 단순히 평면적일 뿐만 아니라 입체적인 공간으로, 수층에 따라 다양하고 풍요로운 생물들이 층층이 살고 있다.

지구에서 바다는 육지의 300배나 되는 생물의 생활공간을 제공하고 있으며, 10배나 많은 생체량, 즉 생물량을 지니고 있다.

우리나라의 바다 자연을 보면, 삼천리 반도 강산에 펼쳐진 해양 경관은 구석구석 특색이 있고 아름답지 않은 곳이 없다.

동해는 애국가의 첫음절을 이루고 있을 만큼 중요하다. 동해의 심해성 해양생물은 산해진미의 입맛으로 우리 생활 속에 자리잡고 있으며,

한류와 난류가 만나는 좋은 어장 환경으로 다양한 물고기들이 어획되고 있다. 더불어 동쪽에 위치하는 아름다운 관동팔경과 울릉도 독도로부터 날마다 찬란한 태양이 떠오르는 장관을 보여준다.

천혜의 자연을 이루고 있는 서해는 서해대로 아기자기하고 아름다운 바다를 이루고 있다. 서해안 보령시의 대천 또는 무창포에서 모래사장과 갯벌 위를 걸어 보고 갯벌 속에 들어 있는 맛살을 캐 보면 자연이 주는 신선한 맛과 활력을 느낄 수 있다. 특히 겨울 바다의 바람, 파도, 구름, 눈발, 그리고 화려한 낙조와 찬란한 일출 등 그 다양한 변화에 감탄하지 않을 수 없다.

다도해의 아름다움이 펼쳐지는 남해는 생각만 해도 신명이 절로 난다. 한려수도 해상국립공원과 다도해 해상국립공원에서 바다와 섬들의 자연을 바라보고, 신선한 바다 공기를 들여마셔 보라.

남해도에는 이순신 장군이 노량해전에서 일본 전함 500척을 침몰시키고 50여 척을 돌려보내면서 장렬하게 전사한 역사의 현장이 있다. 바닷물이 나고 드는 자연의 이치를 파악하고 있다는 것이 얼마나 중요한 승전의 관건이 되었는지 모른다.

그리고 금산에서 조망하는 다도해의 자연은 얼마나 아름다운가. 삼천포대교에서 바다 자연을 바라보면, 섬과 육지를 잇는 다리마다 자연 경관이 다른 연육교의 다양한 아름다움이 얼마나 근사한 장관인가.

자동차의 홍수, 숨 막히는 배기가스, 기계화되고 편해진 생활의 일변도와 조화를 이룰 수 있는 바다자연은 우리에게 생기를 불어넣어 주며 도시 생활의 스트레스를 해소하고 활력을 재충전하는 데 도움을 준다.

그리고 세계적으로 유명한 어장의 물 반, 고기 반인 곳의 물고기 맛보다 우리나라에서 나는 넙치, 조기, 고등어, 명태, 오징어, 영덕의 대게, 미역, 다시마의 맛과 더불어 생활한다면 행복할 것이다. 우리나라의 신선한 해산물의 맛은 세계적으로 일품이며 건강식품으로 훌륭하다. 우리는 삼면이 바다인 자연환경을 만끽하면서 생활하는 축복받은 민족이다.

독도는 역사 속에서도 우리 땅

　　　　　　　　유구한 역사의 흐름 속에서 수많은 사료의 문헌과 고지도는 독도가 대한민국의 영토임을 증언하고 있다. 그럼에도 일본은 줄기차게 독도를 '다케시마'라는 이름으로 자기네 영토라고 주장하고 있다. 이것은 생생한 역사적 사실을 부정하는 것이다.

　다음은 『독도와 동해 연구』(김, 2007)의 내용을 소개한다. 신라 시대, 내물왕의 4대손인 이사부는 지증왕, 법흥왕, 진흥왕에 이르기까지 활약한 장수로서 6세기 초인 512년 지증왕 13년에 우산국을 정벌하여 독도를 우리 땅으로 편입하였다. 우산국이란 울릉도와 독도이다. 1281년, 충렬왕 7년에 승려 일연이 인각사에서 편찬한 삼국시대의 역사서인 『삼국유사』에도 독도가 우리 땅임을 명기하고 있다.

　조선 시대, 1454년의 『세종실록』에서도 조선의 영토임을 기록하고 있다. 동래부의 어민 안용복은 숙종 19년 조정에서 방치해 놓은 울릉도와 독도를 적극적으로 수비한 인물이다.

안용복은 1696년에 14명의 선원과 2명의 시찰 인력을 대동하고 울릉도로 출범하였는데, 이때 어업 활동을 하고 있는 일본 어선을 발견하고 독도까지 추격하며 영토를 침입하여 어업 활동을 하였다고 문책하였다. 그리고 시마네현을 방문하여 일본 어민들이 국경을 침범한 사실을 강력하게 항의하여 태수로부터 사과를 받아냈다.

안용복의 활약으로 도쿠가와 막부는 1697년에 대마도주를 시켜 일본 어민들의 울릉도와 독도의 출입을 금지시키는 서약을 동래부에 보내왔다. 조선의 영토임을 통보한 것이다.

그러나 조정에서는 14세기부터 섬을 비워두는 공도 정책을 실시하였는데, 처벌이나 부역을 피하여 섬으로 도주하는 범법자를 막기 위한 정책이었다. 이에 따라 나라의 법을 어기고 국제 문제를 일으켰다는 이유로 안용복을 압송하여 귀양살이를 시키기도 하였다.

1878년의 일본의 태정관[5]의 문서가 110년 만에 드러났는데, 독도가 일본의 고유한 영토라고 주장한 적이 없는 것으로 밝혀졌다. 1900년 대한제국은 칙령 41호로 울릉도와 독도의 영유권을 발표하였다. 이와 같은 여러 가지 사료만 보아도 독도에 대한 영유권 문제를 일본이 제기한다는 것은 터무니없는 주장임을 알 수 있다.

---

5   일본어로 다이조칸이라 부르며, 일본의 사법, 행정, 입법을 총괄하던 최고 관청.

그러나 일본은 1905년에 조선제국의 국력이 쇄잔하여 아무런 방비를 할 수 없는 무력한 상태에서 독도를 일본 땅으로 병합하였다. 그리고 을사늑약과 한일병합조약을 통하여 조선을 멸망시키고 식민지로 통치한 것이다.

제2차 세계대전에서 패망한 일본으로부터 광복을 맞고 6.25 전쟁을 겪으면서까지 우리는 독도를 의연하게 지켜왔다. 일본의 어부들이 6.25 전쟁의 와중에 독도를 침입하여 점유한 적이 있었다. 당시 미군 비행기의 연습 폭격으로 희생당했던 울릉도민의 위령비를 파괴하고 일본령이라는 한자 표지판을 세웠다.

그러나 독도의 의용 수비대장 홍순칠(1987년에 작고함)은 우리 시대의 마지막 의병을 일으켜 독도를 지켰다. 홍순칠은 1953년 4월 20일부터 1956년 12월 30일까지 3년 8개월 동안 울릉도 출신 제대 군인 33인을 모아 독도 사수 특수 의용대, 즉 독도수비대를 조직하고 박격포, 직사포, 중기관총, M1-소총 등의 장비와 실탄 2만4천 발을 울릉 경찰서로부터 지원받아 독도를 철통같이 수비하였다.

최종덕은 1965년부터 독도에 출어하면서 어업 활동을 하였는데 1980년에 일본이 독도 영유권을 제기하자 민간인으로는 최초로 주민등록을 독도로 옮겨 놓고 생활한 거주자였다.

독도와 일본의
교과서 해설서

　　　　　　　2008년 7월 14일에 일본 문부성은 사회과목 교과서의 지도요령 해설서에 독도가 일본 땅이라는 내용을 공식적으로 명기하겠다고 발표하였다. 그리고 다음날인 15일에 적용일시는 2012년에서 2009년으로 앞당겨 시행하겠다고 하였다.

　이것은 우리의 독도 주권을 훼손하는 심각한 도전이며, 이에 항의하여 권철현 주일 대사가 일시 귀국을 하고, 한승수 총리가 독도를 방문하여 일본의 부적절한 야욕에 단호하게 대처하겠다는 의지를 표명하면서 양국 사이에 갈등과 긴장의 분위기가 조성되었다.

　이렇듯 일본은 우리 국민의 분노를 촉발시키는 독도의 영토권을 분쟁화시키려는 근원적인 책략을 꾀하고 있으며, 우리는 일본이 끊임없이 주장하는 영유권 갈등에 많이 시달리고 있다.

이럴 때마다 영향력이 있는 인사나 정치인들은 독도를 방문하여 "독도는 우리 땅"이라고 외치는 것이 상습화 되어 있다. 그러나 정치인들이 띠를 두르고 앞 다투어 독도에 가서 쇼를 하면 할수록 독도에는 메아리 소리만 맴돌다가 사라진다. 독도 문제가 터지기만 하면 연례행사처럼 관계당국은 독도에 건물을 짓고, 배를 건조하고, 부두를 구축하며, 연구를 활성화 하겠다는 계획을 쏟아 놓았다.

독도 해역에 대한 연구비가 획기적으로 지원된다면 여러 분야의 교수들이나 전문가들이 수주하려고 노력할 것이고, 정치하는 사람 중에서 독도에 대한 탁월한 견해와 능력을 발휘한다면, 독도에 대한 중요성이 현실성 있게 활성화될 것이다. 그러나 독도라는 기치를 앞세워 국책적으로 무슨 큰일을 하려 하면 상대국의 저항이 수반된다.

원대한 계획으로 본다면 독도 연구의 명성을 지닌 학자를 지원하는 것도 필요하지만, 외골수의 젊은 학자들을 지원하는 것이 중요하고, 나라에서 운영하는 국책 연구소보다는 착실하게 국제적 연구실적을 내는 사립대학교의 부속 해양연구소의 육성이 적절하다.

이런 연구소는 독도와 지역적으로 인접한 도시에 위치하는 것이 좋으며, 일본을 포함한 여러 나라의 전문가들이 편집자로 참여하여 학술지를 발간하는 연구소라야 한다. 이런 특성화 연구소를 꾸준히 지원하는 국책적 배려가 필수라 하겠다. 이것은 실제로 독도 연구와 해양과학을 학문적으로 우수하게 이끌어 가는 원동력이며, 독도를 국제적으로 지키는 근원적인 역할의 하나가 될 것이다.

어떻든 독도 연구에는 학문적 엘리트가 필요하다. 독도에 대한 장인 기질의 해양 과학자를 양성해야 한다. 다시 말해서, 인생을 걸고 매진하는 해양 과학자가 국력 신장에 기여토록 하는 대책이 필요하다.

일본의 우익들은 한국이 독도를 불법 점거하고 있어서 독도 주변 해역에 일본의 방위력을 강화해야 한다는 주장을 펴고 있다. 이것은 독도 수역에 해상 자위대를 파견하겠다는 실질적인 행동이어서 한일 관계에 파장을 불러일으키는 요인이 된다. 이에 대응하여 우리 정부는 외교부에 태스크 포스를 신설하고 일본의 이러한 조처에 강력하게 대응하겠다고 발표하였다.

경제대국인 동시에 유엔 안보리의 상임 이사국으로 발돋움하려는 노력을 경주하고 있는 일본은 소인배적 행태로 우리를 경악시키고 있다. 국제 사회의 평화에 기여하겠다는 일본이 노골적으로 자국 이기주의에만 집착하고 있는 것이다.

다시 역설하지만, 독도는 우리나라 영토인데, 일본은 도대체 어떻게 하겠다는 것인지 이해할 수 없다. 그들은 전쟁이라도 일으켜 독도에서 한국인을 내쫓고 자기네 영토로 편입시키겠다는 생각인 듯한데 이는 상상도 할 수 없는 억지가 아닌가.

일본이 이러한 무리수를 표출한다 할지라도 우리에게는 독도에 대한 투철한 영토의식이 분명하고, 실효적 지배는 더욱 확실하게 전 세계에 선포되고 있다. 더욱이 신속한 정보체계를 갖추고 있는 현실에서 영토 확장의 획책은 무모하다는 것을 조속히 깨달아야 한다.

2장

독도 해역의 수온과 염도

독도의 수문학적 성격 – 수온

독도의 수문학적 요인–염도

반도 자연과 우리 민족

독도와 시마네현과 돗토리현의 자연

일본의 해양조사와 해저 자원

독도의 수문학적 성격
- 수온

　　　　　　　　　　　수문학(水文學; Hydrology)이란 해수, 담수, 기수 등 어떤 물덩어리든 그 물덩어리 자체가 가지는 이화학적 성격, 즉 물리적, 화학적 성격을 체계적으로 연구하는 학문이다. 다시 말해, 수문학은 물덩어리의 수온, 염도, 밀도, 용존 산소량, 수소이온 농도, 세스톤 등과 같은 다양한 파라미터에 대한 조사와 연구를 통하여 수괴의 성격을 밝혀내는 학문이다. 독도 해역의 수문학적 연구는 극히 빈약하여 정기적 해양조사가 시행되어야 한다.

　대기의 기온과 바닷물의 수온은 서로 접촉하는 불가분리의 관계이지만 서로 다른 영역이다. 바닷물의 이화학적 성격은 수문학적 계절에 따라 변화하는데, 이 수문학적 계절은 대기의 기후적 계절과는 합치되지 않고 일정한 시차를 두고 변화하는 성향을 보인다.

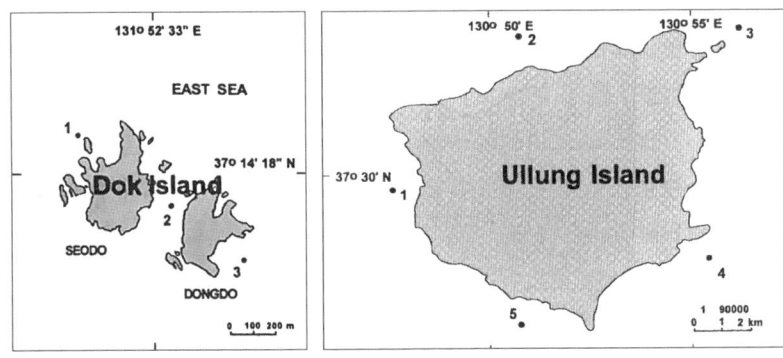

[그림 5] 독도의 연안 해역에서 수행한 실험정점들과 울릉도의 연안 해역에서 수행한 5개의 실험정점

    기압의 변동에 따른 기온 변화는 속도도 빠르고 변화의 폭도 큰 반면, 물덩어리에 대한 수온의 변화는 느리게 진행되며 변화의 폭 적다. 해수는 기후의 영향을 받아 변화하며, 이 변화는 수문학적 계절의 변화를 이끌어 내고, 나아가서는 해양 생태계를 변화시키는 것이다.

    독도 해역의 수문학적 조사가 1999년의 봄, 여름, 가을에 해당되는 6월, 8월, 11월에 수행되었으나, 수문학적 겨울인 1-3월 사이에는 풍랑이 심하여 실험을 수행치 못하였다.

    독도 해역의 3개 실험정점(그림 5)은 동도의 북서쪽 연안, 서도의 남동쪽 연안, 동도와 서도의 중앙 수역으로 정하였다. 이곳에서 수온, 염도, 용존 산소량, 수소이온 농도 및 각종 영양염류에 대하여 조사·연구하였다.

    이 3개의 실험정점은 동도와 서도의 중앙부위를 경유하는 서북과 남동의 방향을 직선상에 배치함으로써 독도의 해수 성격을 유의미하게 조사할 수 있는 수역이다. 수온에 대한 결과를 논하면 다음과 같다.

수문학적으로 늦은 봄에 해당되는 6월의 수온은 표층에서 수심 10m까지는 21℃ 정도이고 수심 30m에서는 19.5℃, 수심 50m에서는 18℃전후를 나타내고 있다. 수심에 따라 수온이 어느 정도 일정하게 낮아지고 있는 성향을 보이고 있다. 이것은 수온의 수직적 변화를 보이는 것으로 수심이 깊어질수록 기온의 영향이 적어지고, 일정수준의 수심에서는 기온의 영향이 아주 적으며, 깊은 수심에서는 기온의 영향이 전혀 없는 가운데 수괴의 수온은 물리적 성격의 하나로 표현될 뿐이다.

수문학적 여름인 8월의 경우, 표층에서 수심 10m까지는 26℃정도로 상당히 높은 수온을 보이고 있다. 그러나 수심 50m의 경우 약 22℃로서 표층의 수온과는 다소 차이를 보이고 있다. 봄철의 수온과는 상당한 차이를 나타내고 있으며, 수온이 상당히 상승되어 있음을 알 수 있다. 기온이 수온에 상당한 영향을 미치고 있지만 그렇다고 그 영향력이 절대적으로 크다고는 볼 수는 없다.

수문학적 가을인 11월에는 수표면에서 수심 10m까지 균일하게 20℃에 가까운 수온을 나타내고 있다. 수온의 수직 분포는 전반적으로 변화가 별로 나타나지 않았다. 실제로 재미있는 현상으로, 기온이 내려가 추워지고 있을 때 수표면의 수온은 즉시 영향을 받으나 수심이 깊은 30m에서부터는 기온의 영향이 없다는 것을 보여주고 있다.

독도의 수문학적 겨울에 대한 직접적인 수온 측정 자료는 수행되지 못하여 인접 해역인 울릉도 근해의 수문학적 겨울에 가까운 5월의 측정치로부터 수온의 성향을 추론해 보기로 한다. 울릉도 연안의 5개 정점(그림 5)에서 실측한 값에 따르면 표층수에서 30m 수심까지는 15℃ 전후이고 수심별 수온의 차이는 거의 나타나지 않았다. 최대치는 표층에서 16℃에 근접하고 제일 낮은 수온은 수심 30m에서 14℃에 근접하고 있다. 이것은 수심 0-30m 사이에 수온 약층대가 전혀 형성되지 않고 있음을 보여준다.

이런 사실로 보아서 독도 해역의 5월의 수온은 해류의 영향을 직접적으로 받고 있으며 기온에 따라 서로 영향을 주고받기도 하지만 수심 깊이까지는 영향력을 미치지 않는다고 볼 수 있겠다.

독도 해역에서는 수문학적 계절에 따른 수온의 변화가 수표면에서 아주 뚜렷하게 나타나는 반면, 수심이 깊은 곳에서는 이 해역의 고유해류, 즉 난류 또는 한류의 영향에 따라서 수온의 변화를 비롯한 모든 이차적인 변화가 일어나고 있다. 이러한 현상은 생물학적 요인들과 직결된다. 해양생물은 수온에 따라 이동하며 먹이 또는 영양염류에 의존하여 생활하고 번식한다. 어류도 이러한 계절적 변화에 따라서 종이 바뀌어 출몰하며 수산 자원으로 활용되는 것이다.

독도 연안 수역에서 봄, 여름, 가을, 3계절에 걸쳐 계절마다 1회씩 조사해서 얻어진 41개의 실측자료만으로는 이 해역의 수문학적 성격을 논하기에 부족하다. 이러한 기초자료의 수립을 위해서 해양 실험장비,

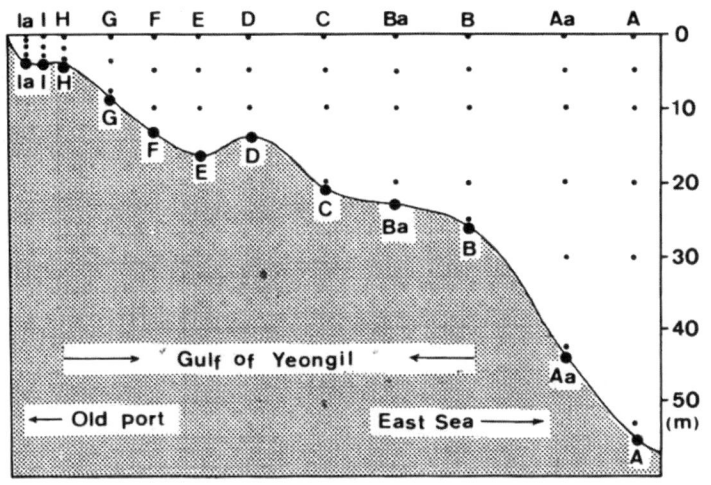

[그림 6] 영일만의 실험정점과 연구된 수심이 점으로 표시되어 있다. 구항의 얕은 바다와 영일만 외해의 깊은 바다에 이르기까지 조밀하고 균형 잡힌 조사가 수행되었음이 표시되어 있다.

경비, 인원 등의 인프라 구축이 필요하다.

영일만의 해양학적 조사의 일환(그림 6)으로 수행한 수온에 대한 논문(김기태 등, 1988)은 1985년 8월부터 1986년 12월까지 15개월 동안 영일만 수역뿐만 아니라 인접한 외해와 이웃한 연안에 이르기까지 비교적 상세하게 조사하여 수문학적 성격을 논하고 있다.(그림 8)

수문학적 계절인, 겨울(3월), 봄(6월), 여름(9월), 가을(12월)의 수온 분포를 그림 7에서 고찰해 보면 계절적 성향을 뚜렷하게 드러내고 있다.

수문학적 겨울인 3월의 수온은 전 해역이 10℃ 미만이고 수심 20m만 되어도 7℃ 이하로 떨어지는 냉수역을 이루고 있다. 이러한 냉수역의 형성은 무엇보다 한대성 해류의 영향으로 생각된다.

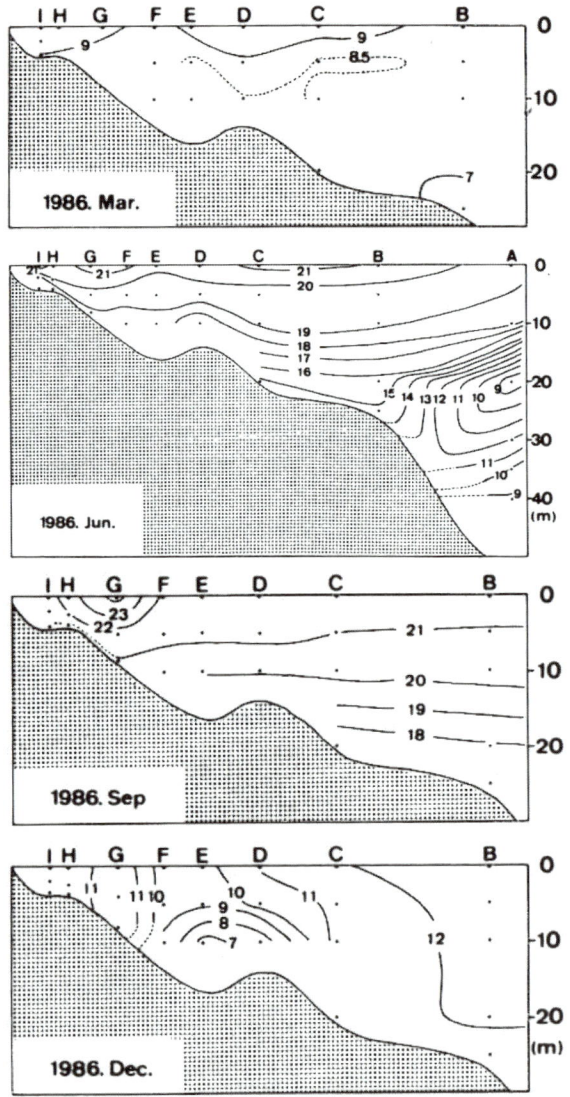

[그림 7] 영일만에서 물덩어리(수계)를 단면으로 도해한 수온의 분포도. 수문학적 계절로 겨울(3월), 봄(6월), 여름(9월), 가을(12월)의 수온의 변화도.

수문학적으로 봄인 6월의 수온은 표층의 수역은 이미 20℃ 이상으로 높으며 수심 10-40m에서는 수온 약층대가 뚜렷하게 형성되어 있다. 그러나 수심 40m 이하에서는 9℃에 불과한 냉수대를 보이고 있다. 이것은 해양학적으로 대단히 큰 수온차이며 생태학적으로도 큰 유의성을 나타내고 있다.

수문학적으로 여름에 해당하는 9월의 수온 분포를 보면, 전 표층의 수온은 21℃ 이상이며, 일부 표층에서는 24℃ 이상의 높은 온도의 수역이 보인다. 그리고 수심 20m에서도 18℃나 되는 온수대를 형성하고 있다.

수문학적으로 가을인 12월의 수온 분포에서는 수온이 급속하게 떨어져 표층의 수온이 10-11℃에 불과하지만, 수심이 다소 깊은 원양 쪽에서는 20m까지도 12℃ 이상 되어 기온의 영향이 상대적으로 적음을 보여주고 있다.

그림 7의 수문학적 4계절의 수온 분포는 아주 뚜렷한 계절적 차이를 나타내고 있다. 이것이 바로 해양 생태학적 변화를 이끌어내는 요인으로, 생물학적 서식환경이 계절에 따라 변천한다는 것이다.

다른 예로, 떼띠스(Tethys)에 발표된 수온에 대한 모노그래프 논문(Kim,1982)에서는 1976년 12월부터 1978년 12월까지 실측 기간 25개월 동안 유의성을 부여한 실험정점에서 수평과 수직의 수역에서 풍부한 데이터를 확보함으로써 이 해역의 수괴에 대해서, 수온의 수평분포와 수직 분포는 물론 계절적인 변화를 상세하게 논하고 있다.

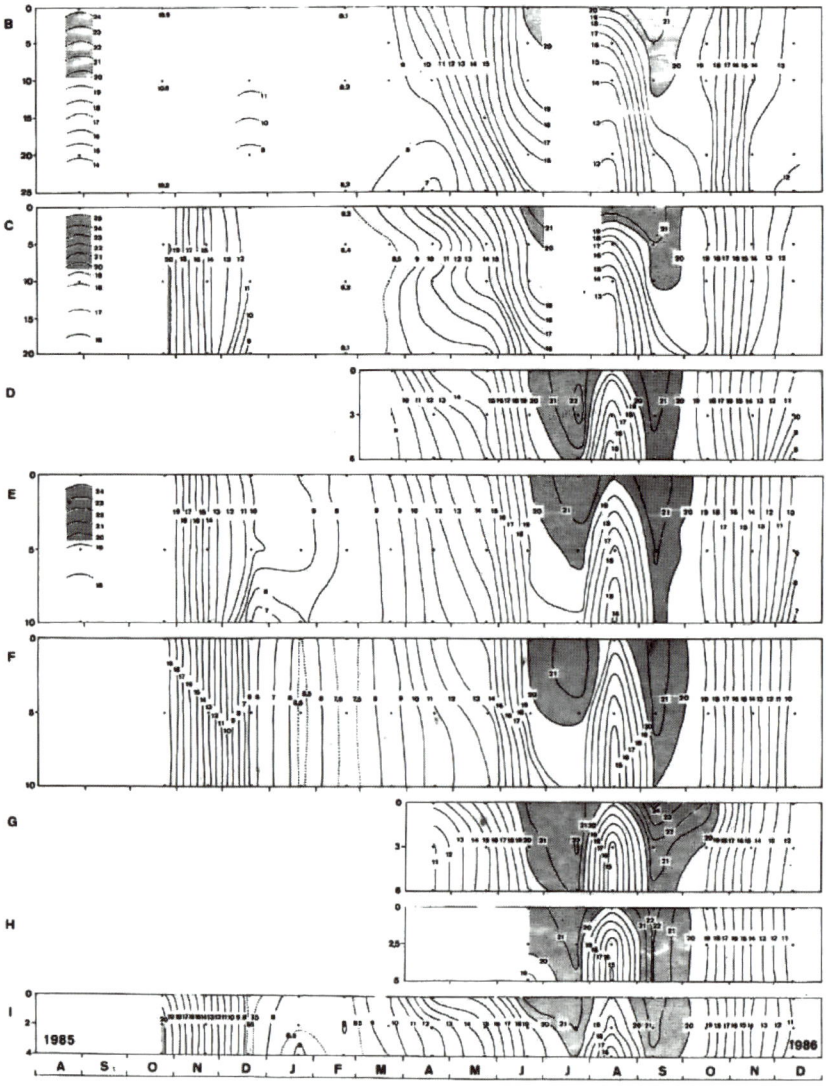

[그림 8] 1985년 8월부터 1986년 12월까지 영일만 수역에서 조사된 수온. 영일만의 구항과 만 내의 여러 실험정점에서 정기적으로 조사되었다.

독도 연구에 참여한 울릉도청의 행정선

독도의 수문학적 요인
-염도

바닷물 1ℓ 속에 녹아있는 염분의 총량을 그램(g)으로 표시한 것이 염도이다. 바닷물에는 1ℓ당 약 35g의 소금이 녹아 있고, 이것을 35‰로 표기한다.

독도의 바닷물 1ℓ 속에는 34g 정도의 소금이 함유되어 있다. 지중해는 37g 정도의 소금이 함유되어 있으며, 사해에서는 무려 230g의 소금이 포함되어 있다. 사해의 바닷물 1ℓ 속에는 물 1kg의 무게와 소금 230g의 무게가 합쳐져 있어서 1리터의 무게는 1,230g이다. 이런 물은 무거우며 부력을 크게 해서 수영을 하는 경우 물에 쉽게 떠 있을 수 있다. 그래서 사해의 바닷물 위에서 누워 양산을 쓰고 독서를 하는 만화를 볼 수 있는 것이다

염도는 바닷물의 성격을 좌우하는 중요한 요인 중의 하나로 염분의

농도에 따라 해수의 물리 화학적 성격의 차이는 물론이고 생태 환경이 달라진다. 해양생물은 염도에 적응하는 범위가 큰 생물과 적응 범위가 지극히 좁은 생물로 나뉜다. 따라서 염도는 생물 환경에 커다란 영향을 미친다.

독도 해역의 실험정점(그림 5)에서 1999년의 수문학적인 봄(6월), 여름(8월), 가을(11월)의 3개 계절에 걸쳐 0, 5, 10, 30, 50m에 이르는 5개의 수층별로 채수하여 측정한 41개의 염도의 값은 대략 33‰-34‰사이에 분포하고 있다.

실험 수치 중의 최젓값은 수문학적 계절로 가을인 11월에 측정한 32.7‰이고, 최곳값은 여름인 8월에 측정한 34.4‰로 계절에 따라 현저한 변화가 나타나고 있으나, 수심 0-50m까지의 수심에 따른 수직적 변화는 아주 적은 편이다.

독도 해역에서는 전반적으로 염도 변화의 폭이 수심과 계절을 통틀어 크게 나타나지 않는 편이지만, 데이터를 자세히 분석하면 수문학적 가을의 염도는 낮고 여름의 염도는 높은 것을 알 수 있다.

그런데 이렇게 미미한 수직적 변화에 대해서 언급하는 것은 심해 또는 대양에서 0.1℃의 수온과 0.1‰의 염도 차이가 수심 200m의 물덩이(water mass)와 수심 2,000m의 물덩이의 성격을 착각하게 할 수 있는 중요한 사안으로, 2개의 물덩이의 성격이 수문학적으로 전혀 다른 의미를 지니기 때문이다.

독도 해역의 수문학적 변화를 보면, 봄에 해당되는 6월의 수심별 염도 변화는 여름과 가을에 비교하여 작은 폭의 변화를 보인다. 여름인 8월의 실측값은 봄과 가을의 값에 비해 아주 근소하지만 높은 값을 보이고 있는 반면에, 가을인 11월의 실측값은 다른 계절의 값보다 상대적으로 조금 낮은 값을 나타내고 있다.

이런 사실은 수심별 변화가 적으면서 낮은 염도 수치를 나타내는 가을(11월)과 수심별 변화가 역시 적으며 높은 염도를 지니는 여름(8월)의 물덩이(water mass)가 서로 다르다는 것을 나타내는 것이다.

봄의 염도 수치는 이 두 계절의 수치 사이에 있으면서 수심에 따라 다소 기복을 보인다. 이러한 단편적인 사실만 가지고도 독도 해역의 물덩어리가 계절에 따라 적지 않게 변하고 있음을 유추할 수 있다. 이러한 염도의 변화는 쿠로시오 해류의 영향으로 발생하는 것이다.

독도 해역에서 실측한 분석 집단이 적어 자세한 논의를 위해서는 더 많은 집중적인 실험 데이터가 요구되지만, 이 해역의 성격을 단순하게 유추할 때 무거운 물은 저층에, 가벼운 물은 표층에 위치하는 일반적인 물리 화학적 성격과 다르지 않다.

다시 말해서 해수의 무게는 온도와 염도에 따라 결정되는데 저층의 무거운 물에서부터 표층의 가벼운 물에 이르기까지 물 무게대로 쌓이는 것이 물리적 성격이지만 물덩어리의 역전 현상(inversion), 즉 무거운 물과 가벼운 물이 뒤바뀌는 경우도 드물지 않게 일어나서 생태계의 변화가 전개되는 것이다.

바다마다 염분의 함량이 다르고, 해수의 성격도 다르다. 해양 환경의 변천에 따라 염도의 변화가 있고, 그 속에 사는 생물상이 달라진다. 그래서 염도의 변화는 최종적으로 어장 형성과도 연관이 있다.

이러한 관점에서 염도를 여러 해 정밀 측정하여 실험 데이터를 축적하게 되면 물리 화학적 해수의 변동에 대한 수문학적 연간 변화를 파

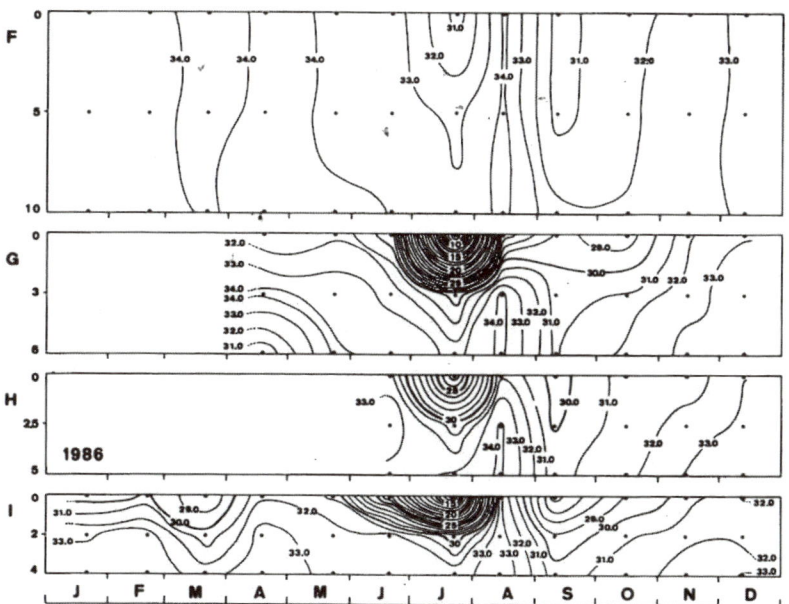

[그림 9] 1986년 영일만의 4개 정점(F, G, H, I)의 염도 변화도. F 정점은 원양의 해수 성격을 나타내고 있고, 담수의 영향력이 많은 G, H, I 정점은 변화가 많다. 본 그래프에서 해수, 담수, 기수의 염도와 염도 약층대의 대단히 복잡함을 관찰할 수 있다. 해수와 담수 사이에는 물의 무게 차이로 인하여 서로 쉽게 섞이지 않는 염도 및 밀도 쐐기가 있음을 보여주고 있다. 이 수층은 물리 화학적으로 독특한 성격을 보여주며, 생물의 서식과도 밀접한 관계가 있다. 다시 말해서 해산 생물과 담수산 생물이 뒤섞여 있는 천이 상태인 것이다. 형산강 하구의 담수량이 많은 7-8월의 염도 변화는 대단히 크다.

약하게 되어 어느 시점에 물꽃이 형성되고, 뒤이어 어떤 어종이 어느 만큼의 어획량으로 생산될 것인가를 예상할 수 있다.

독도 해역은 수심으로 볼 때엔 심해에 속하고, 해수의 성격상으로는 심층 해수를 내포하고 있으며, 수량적으로는 원양성이어서 큰 바다라고 할 수 있다. 이러한 독도 해역의 천혜의 환경을 살려서 해양 개발이나 수산 양식에 활용할 필요가 있다.

영일만 연구에서 염도의 변화가 극히 심한 예를 보여주는 1986년의 그래프(그림 9 : 정점 F, G, H, I))를 소개한다.

정점 3개의 그래프에 나타난 결과를 보면 염도의 변화가 대단히 크다. 장마철인 7-8월에는 많은 담수량이 영일만으로 유입되어 염도가 10‰ 이하로 떨어지면서 복잡한 염도 약층대(halocline)가 형성되지만, 수심 3m 이하의 수층에서는 해수의 염도에 근접하고 있다.

이것은 담수와 해수가 쉽게 섞이지 않는다는 사실과 함께 염도와 밀도가 심한 변화를 나타내고 있음을 보여준다. 그러나 하구역이면서도 영향을 직접 받지 않는 F정점에서는 해수의 면모가 그대로 나타나고 있다.

참고 사항

여기에서 해수, 담수, 기수의 염도와 염도 약층대(그림 9)와 밀도 약층대의 대단히 복잡함을 관찰할 수 있다. 해수와 담수 사이에는 물의 무게 차이로 인하여 쉽게 섞여지지 않는 염도와 밀도의 쐐기가 있음을 보여주고 있다. 이 수층은 물리 화학적으로 독특한 성격을 보여주며, 생물의 서식도 이러한 환경과 밀접한 관계가 있다. 다시 말해서 해수의 생물과 담수의 생물이 뒤섞여 있는 천이(遷移) 상태인 것이다.

반도 자연과 우리 민족

　　　　　　　　반만년의 유구한 역사와 함께 우리 민족은 옛날이나 지금이나 아름다운 삼천리 금수강산에서 때로는 미워하면서, 때로는 가슴 따뜻하게 아기자기한 정을 나누면서 평화롭게 살았으며, 홍익인간의 정신으로 남을 배려하는 좋은 품성을 지닌 슬기로운 배달민족이다. 그런데 요즘같이 시끄러운 정치판과 주변의 국제정세를 보면 우리 역사 속에서 잡음이 없고 위기가 없었던 때가 있었나 하는 생각을 하게 된다.

　우리 민족에 대해서 긍정적인 장점을 들어 보라고 하면 딱 꼬집어 말하기는 어렵지만 여러 가지 좋은 점이 많다. 그중에서 몇 가지를 들라면 다음과 같은 것이 아닐까 생각된다.

　첫째, 우리 국민은 머리가 아주 명석하다. 이것은 가장 커다란 장점인 동시에 우수성이라고 하겠다. 세계 도처에서 뛰어난 능력을 발휘하고 훌륭하게 살아가는 한국인이 많이 있다. 이 중에는 우수한 과학자도 있고 우수한 경영자도 있다. 다시 말해서 우리 동포는 세계 어느 나라 어느 곳에서 살든지 대부분 상류 생활을 하며, 자신의 능력을 발휘하고 있다. 이것은 원천적으로 머리가 좋아야 가능한 일이고 유전인자가 우수해야 되는 일이다.

둘째, 우리나라에서 나는 산물은 대개 영양분이 우수하고 맛이 좋다. 자연 지리적으로 우리의 국토에서 생산되는 먹거리는 산해진미를 이루는데 이러한 산물을 먹고 사는 한국인은 무엇보다 맛의 감각이 발달해 있다.

우리나라 동해에서 나는 명태만 해도 다른 나라의 해역, 예를 들어 남미의 바다에서 서식하는 것보다 맛이 아주 좋다. 남해와 서해에서 나는 해산물의 맛은 진미의 성가를 보여주고 있으며 좋은 영양분을 지니고 있다.

좋은 기후대를 이루고 있는 산고 수려한 산악의 토양에서 생산되는 산나물들과 여러 채소류는 뛰어난 맛을 지니고 있을 뿐만 아니라 훌륭한 영양으로 건강을 지켜주는 보약이나 다름이 없다. 이러한 먹거리가 바로 우리 민족에게 명석한 두뇌를 지니게 한 듯하다.

셋째, 우리나라의 자연은 참으로 다양하며 세계적으로도 아름답다. 아기자기하게 펼쳐진 산하는 산이 높고 계곡마다 흐르는 물이 강을 이루어 아름답다. 국토는 삼면이 바다로 둘러싸인 반도로 해안선이 아름다우며 다도해가 펼쳐지는 해상국립공원은 절경을 이룬다. 여기에서 우리는 다양한 새소리, 풀숲의 벌레 소리, 갖가지 야생화, 그림 같은 풀밭과 수목 등을 보고, 듣고, 만지면서 시각, 청각, 후각, 촉각, 피부감각 등의 다양한 감각을 자연스럽게 발달시켜 왔다. 우리는 자연을 통해 우수한 감성과 지능을 기를 수 있는 천혜의 환경에서 살고 있다.

또, 우리 민족에게는 무엇과도 바꿀 수 없는 장점이 있다. 다정다감한 정서와 공감대, 단일 언어와 대대로 이어져 온 동일한 유전 요인의 단일 민족이라는 점과 더불어 근원적으로 깨끗하고 정의로우며 순수한 민족인 것이다.

그러나 우리는 역사적으로 외침과 분열로 통한의 고통을 받아 왔으며, 근래에 와서는 일제의 침략과 분단국으로서 평화롭고 행복하게 살아본 시기가 있었나 반추하게 한다. 오늘날과 같이 호의호식하며 자유롭게 살아가면서도 정쟁으로 사분오열 찢겨진 민심은 혼란하기만 하다. 반세기 이상 남북이 갈라져 있고 지독한 지방색과 극단적인 인맥의 결집, 천상천하 유아독존식으로 자기밖에 모르는 정치가들의 이기주의 등은 우리를 참으로 불안하게 한다.

게다가 우리 민족은 굴곡의 파도가 심해, 지도층일수록 비리에 물들어 있고 만연한 부정부패에서 헤어나지 못하고 있다. 지도층의 사람들일수록 더욱 그런 성향이 있다. 법이 없고, 질서가 없으며, 장유유서의 순서가 없고 오로지 무사안일과 적당 일변도의 타성 속에서 권력과 밀착하거나 패거리를 만들어 못하는 짓이 없을 만큼 악폐를 끼치고 있다. 특히 두뇌집단인 정치, 경제, 사회, 문화, 대학 사회에 이런 성향이 극심하다. 애국자가 누구인지 선한 사람이 누구인지 분간하기 힘들다. 빛 좋은 개살구라는 옛말이 생각나는 현실이다.

　우리나라의 지도층은 무엇보다도 수사에 능하여 미사여구와 교언영색, 인신공격과 말 바꾸기, 갖은 험담과 헐뜯기 등으로 그 내면의 선악을 구별하기 어렵다. 그들 중에는 나라의 이름 또는 국민의 이름을 내세우거나 애국이라는 명목으로 사람들을 혼란하게 하고 중요한 일들을 슬쩍 속여 넘기려는 사기꾼 기질의 악한들이 많다. 따라서 무엇보다도 선악을 구별할 수 있는 국민의 지혜가 필요하다.

독도와 시마네현과 돗토리현의 자연

시마네현의 자연. 시마네현은 일본에서 독도를 관할하는 현으로서 날이 갈수록 독도가 일본 땅이라는 구호를 외치고 있다. 매년 다케시마의 날을 주관하는 시마네현의 지방 정부는 중앙부처의 고위 공무원들을 참석시킴으로써 관심을 모으려고 한다. 다른 한편으로 독도(다케시마) 기록관도 운영함으로 독도를 일본 땅으로 착각하게 만들고 있다. 하지만 이것은 정치적인 문제일 뿐 이곳에 사는 일본 사람은 거의 관심이 없는 사안이다.

일본이 제2차 세계대전의 패전국 협정을 샌프란시스코에서 맺을 적에 독도는 한국 땅이라는 명기가 없었고 1905년에 독도를 시마네현으로 편입한 사실을 가지고 자기네 것이라고 주장한다. 또한 1950년 한국전쟁이 발발하여 북한이 부산 지역만 남기고 모든 지역을 점령했던

1951년에는 미국의 덜레스 국무장관이 독도는 일본 땅이라는 공한을 일본에 보낸 것이 독도를 자기네 땅인 것처럼 주장하는 유일한 근거가 되고 있다.

그 당시 순간적으로 한국이 공산화되면 미국과 결별하게 되는 것을 염려하여 독도를 장악하기 위한 것으로, 미국이 동해에서 가장 중요한 군사적 워치타워 역할을 놓치지 않겠다는 의도였을 것이다. 그러나 이렇게 극히 일시적인 사건을 빌미로 일본은 수시로 독도가 일본 땅이라고 주장하고 있는 것이다. 이것은 국제 정치쇼로 실제 시마네현의 다수 주민들은 독도가 있는지조차 모르고 있으며 관심도 없다. 오히려 이곳의 일본 사람들은 한일 관계에 상당히 우호적이라고 한다.

돗토리현의 자연에 대해 말하자면, 돗토리현과 시마네현은 동해에 접하여 독도에서 가장 근거리에 있는 일본 영토이다. 돗토리현의 크기는 동서로 120km, 남북으로 20-50km의 폭으로 면적은 3,507km²이고 인구는 59만 명이다. 기후는 사계절이 뚜렷하고 태풍, 지진, 또는 화산의 피해가 거의 없는 안전한 지역이다.

돗토리현의 해안선은 아주 밋밋하여 시마네현과는 달리 바다 쪽으로 돌출 부위가 전혀 없는 것이 특징이다. 그러나 이곳의 해안에는 사구가 형성되어 있으며, 강한 해풍에 의해서 현재에도 해안의 한 부분이 끊임없이 사막화되고 있으며 상당히 큰 규모의 사구가 형성되어 있다.

다시 말해서 바다에서 육상으로 불어오는 해풍의 작용으로 수만 년의 오랜 세월 동안 계속되는 강풍으로 해안림이 사라지면서 사구(모래

언덕)가 만들어진 것이다. 그 규모는 동서로 약16km에 이르며 남북으로는 2.4km에 이른다.

또한 남쪽에서 북쪽으로 북상하는 쿠로시오 난류가 대마도를 지나서 돗토리현의 연안으로 흐르는데 우리나라의 동해 남부 해역인 부산에서 부표를 띄우거나 어선이 난파되어 해류에 따라 흐르게 되면 돗토리현의 해안에 닿게 된다.

우리나라의 어선이 동해 남부 해역에서 조업 중에 고장으로 표류하게 되면 북상하는 쿠로시오 해류에 의해서 돗토리현에 닿아 구제를 받는 경우가 종종 있다. 이러한 관계로 한국의 어부들은 돗토리현의 주민들을 고마워하였으며, 한일 양국의 우호적인 정서로 돗토리현에는 한일 우호공원이 조성되어 있다.

돗토리현에는 태풍이나 활화산의 영향이 적어서 살아가는 데 안전하다고 하지만 역시 온천은 발달해 있다. 돗토리현의 미사사 온천은 800여 년의 전통을 가지고 있는데 세계 최고의 라듐온천으로 명성을 지니고 있다. 어느 온천에는 철분이나 마그네슘 같은 특정한 성분이 온천물 안에 다량으로 포함되어 있어서 그 원소가 가지고 있는 성격이 사람에게 유효한 영향을 준다.

온천을 하는 방법으로는 온천탕 안에 3분간 몸을 담그고 나와서 3분 휴식하기를 3번 반복하는 것이 좋다고 한다. 온천은 피부뿐만 아니라 생리적으로 여러 가지 효험이 있다고 한다. 온천수에 따라서 때로는 피부가 매끌매끌해지기도 하고 아토피 같은 피부병이 치유되거나 개선되기도 한다.

일본의 해양조사와
해저 자원

　　　　　　　　　독도는 심해인 동해의 한가운데 위치하며 깨끗한 바닷물 속에 함몰되어 있는 해령의 정상 부분이 노출되어 드러난 바위섬이다. 이 해역은 사람의 왕래가 비교적 적고 오염물질이 유입되지 않아 청정해역을 이룬다. 이 해역에서는 바닷물 자체가 자원으로 이곳의 심층해수는 질적으로 중요한 의미를 가지고 있다.

　바닷물에는 수많은 물질이 함유되어 있는데, 종류로는 사람의 혈액에 들어 있는 원소와 같고 양적으로는 비슷한 비율을 하고 있어서 진화론적으로 유연성을 지니고 있다.

　심층해수에는 인체에 유용한 미량 원소가 다량 들어 있음으로 건강에 좋은 영향을 미친다. 그러나 심층해수를 개발하려면 우선 대상 해역의 물덩어리에 대한 각종 물리 화학적 성격을 정밀하게 분석하는 과정이 필수적이다.

    수문학적으로 다양한 파라미터는 해양자원과 직간접적인 관계를 가지고 있다. 수온과 염도는 물덩어리의 무게를 결정하여 해양의 중요한 성격을 나타내며, 해수의 용존 산소량과 용존 탄산가스 양은 제1차 해양 생산과 관계가 있어 수산과 직결되고 있다. 또한 다양한 용존 원소들은 함유량과 용도에 따라 유의성을 지닌다.

    일본은 심층해수의 개발을 선도해 왔으며, 우리나라에서도 심층해수를 상당히 중요한 자원으로 여기고 있다. 일본은 2000년 이후에 독도 인근 해역에서 여러 차례 수온, 염도, 용존 산소량, 영양염류 등의 수문학적 파라미터를 조사한 것으로 알려져 있다. 자세한 내용은 알 수 없지만 정기적인 해양조사를 실시하여 데이터를 가지고 있다는 것은 대단히 중요한 사안이다.

    2008년에도 일본은 해저 자원 개발을 유의성 있는 전 해역의 영토 내에서 추진하기로 결정했다. 그 가운데는 독도 인근 해역도 포함되어 있었다. 이 해역에는 막대한 에너지원인 메탄 하이드레이트가 6억 톤 정도 매장되어 있다. 우리나라에서 30여 년 동안 사용할 수 있는 에너지 양이라고 한다.

    메탄 하이드레이트는 메탄이 주성분인 천연가스가 물 분자와 함께 얼어있는 결정체로 성질은 차갑지만 가연성이 강하다. 극지방, 알래스카, 시베리아 등의 동토대나 수심 500m 이상의 해저에 대량으로 매장되어 있는 에너지원이다.

인류는 지금까지 주 에너지원으로 목재, 석탄, 석유를 사용해 왔으나, 미래의 에너지 자원으로는 이러한 천연가스가 주종을 이룰 것이다. 석유나 석탄에 비해 탄소 비율이 적은 천연가스는 이산화탄소(CO_2)의 배출량이 적어서 지구 온난화 현상에 영향을 적게 미치는 청정에너지 자원이다.

현재 인류가 봉착해 있는 핵심적인 난제들은 에너지 고갈, 환경파괴, 인구과잉, 테러와 전쟁 같은 것들이다. 이중에도 가장 심각한 것은 에너지 쟁탈전이다. 나라마다 자국의 이기주의에 몰입하고 있어서 에너지원의 확보는 국력의 과시인 동시에 국가 동력이다.

또한 환경 문제로서 지구 온난화 현상이 지구촌의 심각한 재앙으로 나타나고 있는데 이것은 바로 바다와 직결된 문제이기도 하다. 결국 바다는 인류가 생존을 계속할 수 있느냐 없느냐의 치명적인 요인으로 등장하고 있다.

독도 해역에 메탄 하이드레이트가 대량 매장되어 있기 때문에 일본이 자원 확보의 차원에서 독도에 집착하는 면도 있어 보인다. 다른 한편으로 일본은 독도가 한국 영토임을 알면서도 밑져야 본전이라는 생각으로 떼를 쓰고 있는 것이 아닌가 하는 생각도 든다.

또 하나, 일본이 독도에 집착하는 이유는 독도를 양보하면 러시아가 차지하고 있는 에토로프 섬을 비롯한 북방의 4개의 섬들을 되찾지 못

서도의 전경. 서도는 우뚝 서 있는 산봉우리로서 면적은 3만3천여 평이며 가파른 절벽으로 이루어져 아름다운 자연 경관을 이루고 있다. 바위에는 토양이 거의 없기 때문에 초본의 생육도 거의 없다.

할 것이라는 우려와, 다른 한편으로는 중국과는 센카쿠열도에 대한 영유권 문제에도 커다란 영향을 받을 것이기 때문이기도 하다.

    과학기술이 발달한 일본은 이러한 사실을 어느 나라보다도 절실히 받아들이고 있으며 그러한 문제를 해결하려고 앞서 나가고 있다. 그렇다고 해서 선린우호의 기본적인 인간성을 저버리고 해양자원이나 영토권을 침탈하려는 것은 근본적으로 문제가 있다. 다 함께 공생 공락하고 평화롭게 살려는 보편타당한 인성이 중요하다.

3장

독도 근해의
영양염류와 해양 생산

독도의 영양염류
독도의 식물 플랑크톤
해양 생산의 구조
독도의 어업 전진기지로서의 기능

독도의 영양염류

　　　　　　　　　독도 해역이 왜 황금 어장인가를 이해하는 것은 중요하다. 독도 해역의 바닷속은 막대한 양의 무기 영양염류가 끊임없이 조달되는 환경으로서 먹이 피라미드가 잘 조성되어 있는 것으로 보인다.

　이런 어장 환경을 지닌 독도 해역은 해류, 바람, 용승현상(Upwelling), 블루콘 현상(Blue Corn) 등의 해양학적 특이성을 지닌 천혜의 해역으로, 바다의 푸른 초장이 형성되고 뒤이어 황금 어장이 형성되는 곳이다.

　이러한 복합적인 영향에 의해서 독도 해역에서는 해류에 의해서 또는 바람의 영향에 의해서 막대한 영양염류가 해수면으로 표출된다. 이러한 조건 아래서 식물 플랑크톤의 생장과 번식에 필요한 영양분이 조달되는 것이다. 또한 대형 해조류(macroflora)가 해중림을 이루는 것도 이와 같은 비옥한 해양 환경에서 비롯된 것이다.

질산염($N-NO_3$), 아질산염($N-NO_2$), 인산염($P-PO_4$), 규산염($Si-SiO_4$) 등 독도 해역의 영양염류에 대해 1999년 4계절에 걸쳐 시행한 연구 실험 내용을 소개하면 다음 같다.

독도 해역에서 조사된 질산염($N-NO_3$)의 농도는 초여름에 해당하는 6월의 경우, 실험정점들의 평균값이 2.92-8.10$\mu g/\ell$이었다. 동도와 서도 사이에 위치한 실험정점 2의 경우, 수심이 30m 정도에 불과한 낮은 해역으로 수심 10m까지는 질산염의 농도가 낮으면서도 다소의 변화를 보이고 있었다. (그림 5-68쪽)

서도의 북쪽 해역에 위치한 정점 1과 동도의 남쪽 해역에 있는 정점 3의 수심 50m까지 분석한 영양염류의 분포도 비슷한 양상을 보였으나 정점 3이 다소 높은 값을 보였다. 이곳의 수심별 농도 차이는 상당한 변화를 보였다. 또한 6월, 8월, 11월의 계절적인 변천에 대해서도 질산염의 농도는 다소 변화하고 있었다.

바닷물 속에는 일반적으로 일정량의 질산염이 있으며 이것은 미세조류 또는 해조류가 수행하는 광합성 작용을 통하여 생물의 체구성물질이나 에너지원으로 기능한다. 따라서 질산염이 부족하면 광합성 작용에 영향을 주기도 하고 때로 제한 요인으로 작용하기도 한다. 특히 질산염이 적거나 소진되었을 때에는 빈영양화 해역이 된다.

아질산염의 정점별 평균값은 11월에 1.46-4.2㎍/ℓ로서 6월과 8월에 비교해서 높은 값을 보였다. 따라서 계절적 변화가 다소 보였지만 수심에 따른 수직 변화는 아주 근소하며 단조로웠다.

이 영양염류는 질산염을 보조하고 자연환경 속에서는 양적으로 많지 않다. 그러나 어떤 종류는 아질산염을 흡수하여 체구성물질 또는 에너지원으로 활용하는 경우도 있다. 식물성 플랑크톤인 어떤 남조류에게는 중요한 질소원으로 작용하는 것이다. 다시 말해서 남조류(oscillatoria sp.)의 경우에는 물속의 유리 질소를 고정하여 아질산염을 만들며 광합성에 이용하기도 한다.(김, 2006)

규산염의 정점별 평균값은 11월에 0.52-0.83㎍/ℓ로 다른 계절에 비교해서 최대치를 보여주었다. 그러나 계절적 변화는 보이지 않았으며 8월에는 대체로 낮은 성향을 보였다. 또한 수심 10-30m 사이에서 높은 값을 보였는데 이는 부유생물의 침전에 따른 현상으로 생각된다.

바닷물 속에는 일반적으로 규조류가 우점종을 이루고 있다. 이들은 껍데기인 각을 가지고 있고 이 각은 규소로 이루어져 있기 때문에 규소는 식물 플랑크톤에 필수 영양염류로 작용한다. 특히 규조류는 대량 번식하여 물꽃현상을 이루는 경우가 많은데 이때의 규소는 식물 플랑크톤의 번식에 제한 요인이다.(김, 2006)

인산염의 정점별 평균값은 11월에 0-10.60㎍/ℓ로 최곳값을 보였으나 다른 두 계절의 실험치는 0-0.4㎍/ℓ로 대단히 적은 양으로 나타났다.

계절적 변화는 거의 나타나지 않고 일정한 농도로 분포되어 있음을 보이는 것이다. 이러한 현상은 일반적으로 표층에서는 영양염류로 이용되고 저층에서는 동식물의 사체가 분해되어 농도가 높아진 것으로 볼 수 있다.

바닷물 속에 녹아 있는 인의 화학적 형태는 인산염으로 식물 플랑크톤의 생장과 번식에 필수적인 영양염류이다. 인의 화합물들은 생체구성물질로 작용하고 동시에 ATP, ADP, AMP 같은 생체에너지를 구성한다. 바닷물 속에서는 식물 플랑크톤의 번식이나 대번식에 따라 아주 다양한 농도의 인산염의 변화를 보인다. N/P의 비율이 해양 생산의 지표로 사용되지만 독도 해역의 실험 당시에는 인산염의 양이 극미하여 제한 요인으로서 N/P의 값을 산출하는 것은 의미가 없어 보였다.

바닷물 속에서 플랑크톤의 생장과 번식에 가장 큰 영향력을 미치는 것은 질산염과 인산염이다. 이 두 가지 영양염류가 충족된 다음 양이 적은 미량 영양염류가 미세식물의 생장과 번식에 영향을 미친다.

바닷물 속 생물이라도 식물이든 동물이든 크기를 불문하고 살아가려면 끊임없이 영양물질을 받아들여야 하고, 체내에서 만들어진 노폐물을 배설해야 한다. 다시 말해서 신진대사가 원활하게 이루어져야 한다.

이렇게 볼 때 먹이가 풍부해야만 번식할 수 있고 활동 에너지를 조달할 수 있는 것이다. 먹이 피라미드의 저변을 이루는 것은 영양염류이며, 이 양에 따라 미세조류와 생체량이 큰 해조류의 생산량이 결정된다.

독도 연안의 해류 유동과 해조류

바닷물 속의 미세조류라고 해도 광합성 작용을 통해서만 생물 에너지원을 만들어낼 수 있다. 이러한 에너지가 모든 생물을 번식하게 하고 생존해 나갈 수 있게 하는 것이다.

바닷물 속에서는 먹이 피라미드의 균형이 다소의 출렁임 속에 항상 유지되고 있는 셈이다. 다시 말해서 동물 플랑크톤은 식물 플랑크톤의 양에 따라 생존량이 결정되며 동물 플랑크톤의 생체량이 결국에는 어류군의 양을 결정하는 것이다. 다시 말해서 $N-NO_2$, $N-NO_3$, $N-NH_3$, $P-PO_4$, $Si-SiO_4$ 등이 근원적으로 해양자원이 되는 것이다.

독도의
식물 플랑크톤

독도의 근해역에서는 무엇보다도 리만 한류와 쿠로시오 난류가 부딪혀 용승현상(upwelling)이 일어나며, 그에 따라 플랑크톤이 필요로 하는 영양염류, 질산염($N-NO_3$), 아질산염(NNO_2), 인산염($-PO_4$), 규산염($Si-SiO_4$) 등이 풍부하게 표출되고 있다. 다시 말해서 식물 플랑크톤의 생장에 필요한 영양염류가 끊임없이 공급되어, 물꽃현상(Water Bloom)이 발생되는 수역이다.

이 해역에서는 식물 플랑크톤, 즉 미세조류(microform)의 정성적 연구가 대략적이며 간헐적으로 이루어 졌다. 동정된 동식물 플랑크톤의 간단한 리스트를 찾아 보면, 해양성 규조류 우점종의 속으로는 센털돌말속(*Chaetoceros*), 쪽배돌말속(*Navicula*), 니트치아속(*Nitzschia*), 관돌말속(*Rhizosolenia*) 등과 세라티움속(*Ceratium*), 김노디니움속

(*Gymnodinium*) 등의 와편모 조류가 주류를 이루고 있다.

한편, 이 해역에서는 블루콘(Blue Corn) 현상이 일어나고 있다. 영양염류를 지닌 해류가 해중산에 부딪쳤을 때 와류를 일으키고, 그 와류의 소용돌이 현상에 의해서 영양염류가 그 수역의 일정 지점에 가라앉아 쌓이는 현상이다. 블루콘 현상이 일어나면 식물 플랑크톤은 영양염류를 풍부하게 공급받는다. 이것은 용승현상보다도 강력하며 영양염류를 저층수에서 표층수로 끄집어내는 물리적 현상을 유도하는 것이다.

블루콘 현상은 식물 플랑크톤이 영양 염류를 해양 생산에 이용할 수 있게 하는 가장 효과적인 방법이다. 독도 근해에서 일어나는 용승 현상이나 블루콘 현상은 제1차 해양 생산을 촉발하는 해양자원으로서 좋은 어장을 형성시키는 요인이다. 식물 플랑크톤과 동물 플랑크톤

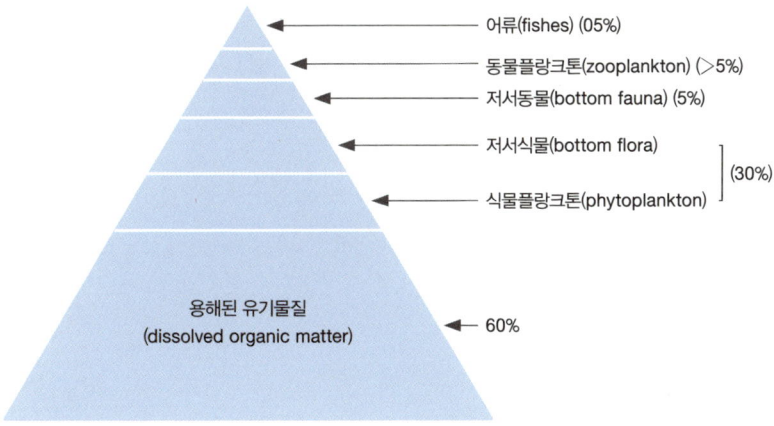

[그림 10] 해양 생태계의 먹이 피라미드. 먹이피라미드의 최상층에는 대형 어류가 있으며 그 비중은 0.5%이다.

의 현존량이 어류의 먹이사슬로 연계되면서 수산 자원의 양이 결정되는 것이다. 즉 해양 생산의 근원이다.

해양 생태계의 먹이 피라미드를 분석해 보면 다음과 같다. 해수에 녹아있는 생물체의 몸을 구성하는 유기물질의 양은 피라미드의 약 60%를 차지한다. 식물 플랑크톤을 비롯한 해산식물의 총 생체량은 약 35%이다. 따라서 이 두 가지만 합해도 95%를 차지한다. 나머지 5% 정도는 동물 플랑크톤, 저서동물, 어류 등이다. 어류는 0.5% 정도의 생체량밖에 차지하지 못한다. 이렇게 볼 때 동식물 플랑크톤의 양이 어류의 양을 결정지으며, 피라미드의 한 구성원이 다른 구성원을 결정하는 자연 평형을 이루는 것이다.

해양 생산의
구조

해양 생산이라 함은 바다에서 생산되는 동식물의 생산량을 포괄하는 말이며 식량으로 사용되는 것은 수산물이라고 한다. 해양은 광활하고 그 속에 사는 생물은 종류로 보나 생체량으로 보나 육상에서 사는 생물량의 10배 가까이 된다. 즉, 해양생물은 양적으로 많고, 종적으로 다양하다.

우리나라의 동해는 한국, 일본, 러시아로 둘러싸인 내해로서 그 넓이는 대략 100만km^2이어서 남한 면적의 10배 정도이다.

독도는 동해 남부 해역의 중앙에 위치한 대단히 중요한 지리적 기능을 가진 도서이다. 또한 해양 생산에 있어서도 커다란 비중을 차지해서 경제적으로 막대한 영향력을 지니고 있다. 독도 해역의 어류별 생산량에 대한 자세한 데이터는 없으나 독도 근해와 대화퇴어장은 포괄적으로 천혜의 황금 어장으로 평가받고 있다.

독도 근해의 대화퇴어장은 수심 200m 이하의 넓은 대륙붕을 형성하고 있어서 황금 어장으로 정평이 나 있다. 실례로, 대화퇴어장을 포함한 독도 근해에서 어획되는 오징어는 우리나라 오징어 생산량의 60%에 달하며, 명태의 경우에는 50% 정도가 이 해역에서 잡히고 있다.

최근에 독도 연안 수역에는 양식 어업의 일환으로 광어 같은 고급 어종의 치어나 전복의 치폐를 방류하고 있다. 독도에 거주하는 어민에게 어업환경을 제공하고 있는 셈이다

대화퇴어장을 포함한 독도 연근해역에서 어획되는 어류로는 청어, 정어리, 고등어, 꽁치, 멸치, 전갱이, 방어, 다랑어, 망상어, 노래미, 복어, 상어, 돌돔, 흑돔, 자리돔, 뱅에돔, 임연수, 볼락, 인수연어, 송어, 도루묵, 가자미, 쥐치, 고래 등이 있다. 그리고 연안 수역에 서식하는 저서생물(benthos)로는 새우를 비롯하여 문어, 전복, 멍게, 해삼, 성게, 소라, 고동, 홍합, 따개비, 산호, 불가사리, 성게, 군소 등이 천연의 청정수역에서 양적으로 풍부하고 질적으로 다양하게 서식하고 있다.

독도 해역에서 지금까지 조사된 자료에 의하면, 남조류 5종, 홍조류 67종, 갈조류 19종, 녹조류 11종 등 모두 102종이 채집되어 기록되어 있다. 이곳의 청정수역에서 채취되는 김, 미역, 다시마, 진저리, 천초 등은 맛이 뛰어난 해산물이다 .이 해역의 우점종인 대황은 해저에서 해중림(海中林)을 이루고 있어서 천연기념물로 지정되어 있다. (김, 2006).

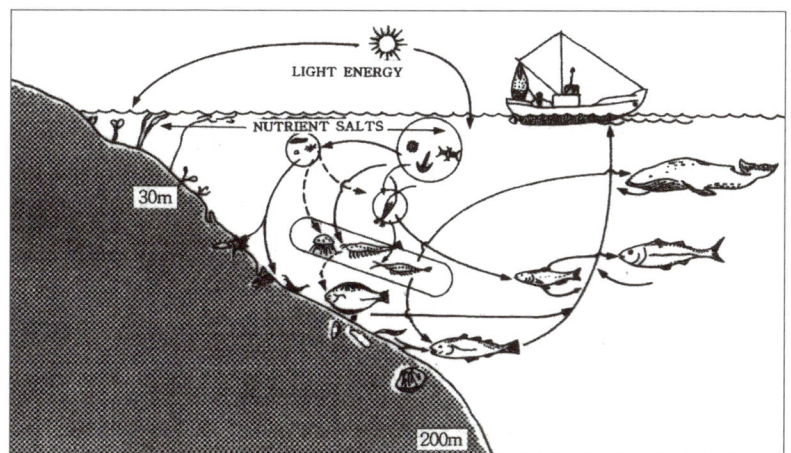

[그림 11] 해양 생태계의 먹이연쇄. 미세 식물 플랑크톤이 햇볕과 영양염류로 광합성을 하고 이를 기반으로 하여 먹이 사슬이 형성되고 있다.

독도의 어업 전진기지로서의 기능

동해는 태평양의 내해이며 심해로서 도서가 거의 없다. 그런데 동해 남부 해역의 중심 부위에 외딴섬 독도가 위치하고 있다. 섬 자체가 절해고도인 것이다.

그러나 지금은 해상교통의 발달로 인하여 쉽게 다닐 수 있는 거리이며 수산 자원과 그 밖의 여러 가지 해양자원이 풍부한 해역이다.

무엇보다도 독도 근해에는 쿠로시오 난류와 리만 한류가 맞부딪혀 어업자원이 풍부한 황금 어장을 이루고 있을 뿐만 아니라 독도 근해에 펼쳐지는 수심 200m인 대륙붕 해역이 펼쳐지는데 이곳이 바로 동해의 명미인 대화퇴어장이다.

대화퇴어장은 각종 어류의 밀집된 어류의 서식 장소로서 마치 고층아파트 단지에 비유할 만하다. 이곳에서는 오징어의 생산이 대단히 풍부할 뿐만 아니라 수많은 어류들이 서식하고 있어서 황금 어장인 것이다.

강원도, 경상남도, 경상북도의 어민들은 대화퇴어장을 향해 출항을 하는데 어선들로 붐비는 어장이다. 이들에게는 독도는 긴요하고 필수적인 어업전진기지이다.

독도 해역에서 태풍이나 폭풍이 일 때 쉽게 피할 수 있는 유일한 피항지가 되며 수일간 어업 활동을 할 때에는 양식과 식수의 보급이 가능하며 어부들에게 과중한 어업 활동으로 누적된 피로를 풀 수 있는 휴식처로 긴요한 안식처가 되는 것이다. 다시 말해서 독도는 어업 활동의 안전을 보장해주는 섬이다.

4장

독도의
해중림(海中林)과 식생

독도의 해중림과 생태계
세계의 해중림
홋카이도, 이시카리만의 오타루항
대마도, 비련의 덕혜 옹주와 망국의 한

독도의 해중림과 생태계

　　　　　　　　　　독도의 해중림의 특징은 무엇보다도 환상적으로 아름다운 해중 경관에 있다. 이곳의 해중림은 완전히 바닷속의 밀림이라고 할 수 있으며 천연 생태의 보고이다. 그 경관은 어느 해역에서도 찾아보기 드물 만큼 수려하고 아름답다.

　독도 해중림의 주역은 갈조류인 대황과 감태로, 빽빽한 바다 숲을 이루고 있다. 다시 말해, 대황과 감태는 생태적으로 극상(climax)을 이루고 있으며, 절대적인 우점종으로 자리잡고 있다. 이 두 종류의 해조류는 이 해역이 서식의 최적지임을 보여주고 있다. 독도 수역의 독특한 해양 환경에서 비롯된 해중림의 일반적인 생태와 먹이 피라미드에 대해서는 『세계의 바다와 해양생물』(김기태, 2008)에서 자세히 기술했다.

　독도 해역에서 천연기념물인 대황과 감태 외에도 생체량이 크고 서식 환경이 광범위한 갈조류인 모자반, 미역, 다시마 등이 서식하고 있다. 이러한 해중림의 구성원에 대하여 살펴보면 다음과 같다.

대황(학명 : *Eisenia bicyclis* (Kjellman) Setchell)은 미역과에 속하는 갈조류로서 독도의 천연기념물이다. 대황은 여러해살이 해조류로서 영어로는 바다 참나무(sea oak)라고 한다. 대황은 썰물일 때 해면의 수위가 가장 낮아진 뭍과 물의 경계선인 저조선의 아래쪽으로부터 수심이 점점 깊어지는 해역, 즉 점심대 수역에 서식하며 길이는 1-2m로서 바위 위에 뿌리를 내리고 서식한다. 대황은 대군락으로 자생하는데, 식용으로 사용되며, 알긴산의 원조이다.

감태(학명 : *Ecklonia cava*. Kjellman)도 미역과에 속하는 갈조류로서 대황과 유사한 형태를 띠며 생육 환경도 대황과 거의 동일하다. 감태는 영어로 바다 트럼펫(sea trumpet) 또는 바다 대나무(sea bamboo)라고 하는데 서식처는 점심대, 즉 수심 10m 정도의 해저 바위 위에 뿌리를 내리고 자란다. 다년생 해조류로서 길이는 보통 1-2m이지만 수심이 깊은 곳에서는 3m까지도 자란다. 감태 역시 밀생을 하며, 생체량이 $1m^2$에 10-20kg 정도이다. 우리나라의 남해안, 제주도, 일본의 규슈 등에 서식하고 있다.

미역과(Alariaceae)에는 미역, 넓미역, 곰피, 감태, 대황 등이 속해 있다. 미역은 좋은 알칼리성 식품으로서 칼륨 성분이 많이 들어 있다. 우리나라에서는 전통적으로 산모가 미역국을 많이 먹는데 산후의 여러 가지 피로소와 노폐물을 원활하게 배설시키는 데 도움을 준다.

갈조류의 끈적끈적한 점질 성분을 알긴산이라고 한다. 예로서 미역의 끈적끈적한 성분이 대장을 통과할 때, 대장의 장관에 부착되거나 부착되어 있는 노폐물을 흡수하여 배설시키는 기능을 가질 뿐만 아니라, 흡수된 후에도 피를 맑게 하며 혈액순환을 원활하게 해주는 기능을 가지고 있다. 우리나라에서는 일상적인 식품으로 활용되고 있으며, 남해안에서 대량 생산된다.

다시마과(Laminariaceae)에는 다시마, 구멍쇠미역, 쇠미역, 개다시마 등이 있다. 다시마는 1-4m 길이까지 자라며 폭은 20-30cm 정도이고 엽체의 두께는 3mm 정도이다. 그러나 물속의 암반에 부착된 줄기는 3-12cm에 불과하다. 점심대에서 대군락을 이루고, 알긴산의 대표이며 미역과 대동소이한 생태 환경을 지닌다.

모자반과(Sargassaceae)에는 구슬모자반, 잔가시모자반, 쌍발이모자반, 괭생이모자반, 고사리모자반, 큰잎모자반, 알쏭이모자반, 꽈배기모자반, 짝잎모자반, 톱니모자반, 톳, 모자반 등 다양한 종이 있다. 톳과 모자반(*Sargassum fulvellum*)의 엽체는 식용으로 사용된다. 모자반의 몸체는 뿌리, 엽체, 기포, 생식기 등으로 나누어진다.

독도 해역에는 해류의 흐름에 따라 모자반류가 대량으로 부유하고 있으며, 꽁치 떼는 모자반의 엽체 위에 알을 낳아 번식한다. 그런데 이 시기가 공교롭게도 괭이갈매기의 번식기와 일치하여 꽁치의 알이 어린 괭이갈매기의 먹이로 공급되고 있다.

독도 해역은 지극히 깨끗한 청정해역으로, 최상의 해중림을 이루고 있기 때문에 자연보호의 측면에서 어떠한 저서생물에 대해서도 과도하게 어로활동을 해서는 안 되며, 바닷물 속에서의 산업적 활동이나 과도한 선박 운행, 관광으로 인한 생태계의 교란이 허용되어서는 안 된다. 대황의 해중림은 그들만의 집단 서식지로 보이지만, 더불어 사는 수많은 해양생물군이 밀접하게 연결되어 있으며, 이들이 서로 공조하여 해양 생태계의 자연 평형을 이루고 있다.

독도 해역에서 조사된 해조류는 110여 종류 이상이며, 앞으로 조사가 진행될수록 추가될 것이다. 해조류의 분포를 보면, 얕은 곳에는 녹조류인 파래가, 수심이 깊어지면서 갈조류인 미역, 다시마, 대황과 감태가 대량 서식하며, 깊은 수심에서는 생체량이 적지만 다양한 종류의 홍조류가 많이 자생하고 있다.

바위에 뿌리 내린 녹조

세계의 해중림

지구 표면의 71%는 바다이고, 바다의 입체적인 공간은 광활한 서식처를 제공하여 막대한 해양생물이 끊임없이 생산되고 있다. 이에 따라 지구에서 행하여지는 광합성의 90%를 바다가 감당하고 있다. 이러한 지구 생태계의 일환으로 형성된 바다의 숲, 즉 해중림은 신비로운 자연의 선물이라고 할 만큼 세계 도처에서 바닷속 밀림을 이루고 있다.

우리나라의 남해안 일대는 미역, 다시마, 모자반 같은 대형 갈조류가 원래 원시적인 해중림을 이루었던 것으로 보인다. 예부터 우리 민족은 미역과 다시마를 즐겨 먹었다. 세월의 흐름에 따라 인구의 증가는 수요량의 증가로 이어지고, 수산 과학의 발달은 이런 해조류의 양식을 통하여 대량 생산을 하게 되었다.

제주도의 문섬 해역에도 해중림이 번성하여 장관을 이루고 있다. 이곳의 해중림은 해양 관광자원으로 개발되면서 명성을 날리고 있다. 해중림이 형성되는 해역은 그곳의 환경적 생육조건이 알맞기 때문이다. 쿠로시오 해류의 영향으로 풍부한 영양 염류가 조달되어 바다 숲이 이루어진 것이다.

지금 널리 보급되어 있는 해조류 양식은 목적에 따라 마치 채소밭을 가꾸는 것처럼 미역과 해태 등을 생산해 내고 있으며, 해중림이 필요한 해역에서는 인공으로 조림하여 숲을 만들듯이 대형 해조류의 숲이 만들어지고 있다.

프랑스는 홍해의 입구 해역에 위치한 지부티, 남태평양의 타히티섬, 북아프리카의 여러 나라 등 세계 도처에 식민지와 섬들을 통치 또는 점유하고 있었으며, 지금도 점유하고 있는 섬이 많이 있다.

프랑스 국립 수산연구원의 연구원들은 이런 해역에 파견되어 해양 조사에 종사한다. 해양 연구가 국력 차원에서 적극적으로 활성화되어 있는 것이다.

일례로 지부티는 프랑스가 통치했고 1977년에 독립을 했다. 지부티는 혹서의 더운 기후를 지닌 나라로서 홍해와 연결되어 있는 아덴만의 해역에 접해 있다. 이 해역에서는 열대성 갈조류인 유케우마(Eucheuma)가 해중림을 이루고 있으며, 성장 속도가 대단히 빨라서 대량으로 채취하여 활용할 수 있는 지역적 특산물이다.

프랑스가 알긴산보다 훨씬 질이 좋은 카라기난의 생산을 위하여 1956년 영불해협의 봅트(Baupte) 지역에 카라기난 공장을 세우고 지브티의 유케우마를 대량 생산한 것은 획기적인 사건이다. 이것은 이 해조류의 생활환(life cycle)[6]을 기초 과학을 통해 잘 활용했기 때문에 가능했다.

필자는 프랑스 국립 수산 연구원에서 1975-1976년에 연구생활을 하였는데, 같은 연구실의 해조류 연구원들이 순번으로 여름철에 2-3개월씩 지부티에 파견되어 유케우마의 생산에 전력투구하고 있었다.

아프리카의 희망봉 일대 해역은 해중림(海中林)의 명미이다. 남아공 대서양 쪽의 해안으로 방대한 해역에 걸쳐서 대형 갈조류(kelp)의 해중림이 형성되어 있다. 이곳 해중림의 주종은 바다 대나무(sea bamboo)인 감태(Ecklonia), 스플리트팬 켈프(splitfan kelp)인 다시마류, 그리고 브레더 켈프(bladder kelp)라는 기포주머니가 있는 마크로시스티스(Macrocystis) 등이다.

이러한 해중림이 형성되는 것은 거대한 두 개의 대양인 인도양과 대서양의 해류가 서로 마주치면서 끊임없는 용승현상(upwelling)이 일어나고 그 결과 해조류에게 충분한 영양분인 비료를 공급하기 때문이다. 다시 말해서 희망봉 해역 일대는 해조류가 폭발적으로 증식하여 해

[6] 생물의 개체가 한 세대의 단계로부터 생식 단계를 통해 다음 세대의 동일한 단계에 이르기까지 변화와 발달을 거치는 전 과정.

중림을 이룰 수 있는 여건을 지니고 있다. 이렇게 자란 해조류는 수표면에서 커다란 군락으로 부유하고 있으며, 이러한 해중림으로 인하여 좋은 어장이 형성된 것이다.

해중림은 남아공의 희망봉 해역뿐만 아니라 대서양 쪽의 해안에도 널리 분포되어 있다. 필자가 이 해역의 해황을 관찰한 바에 의하면, 두 대양의 물덩어리가 부딪치는 현장은 해양학적으로 장관을 이루며, 해조류 군락의 표류는 대단히 아름다운 자연경관이었다.

해중림의 특수한 예로는 사르가소해(Sargasso Sea)가 있다. 대형 갈조류인 모자반(*Sargassum natans*, *S. fluitans*)이 폭발적으로 증식하여 바다를 가득 메우고 있어서 붙여진 바다 이름이다. 사르가소해는 해안선을 가지지 않는데, 북대서양의 방대한 해역에 걸쳐 일어나는 4개의 거대한 해류가 공조하여 소용돌이를 만드는 아주 특수한 바다이기 때문이다. 모자반의 번성은 선박의 출입조차 어렵게 만들 정도인데, 해조류가 얕은 해저에서부터 해수면에 이르기까지 왕성하게 서식하고 있음을 보여준다.

홋카이도, 이시카리만의 오타루항

　　　　　　　　　　일본의 홋카이도는 남동쪽으로 태평양과 접하고 있으며 북동쪽으로는 오호츠크해와 접하고 있다. 그리고 서쪽으로는 우리나라의 동해와 접하고 있으며 동쪽으로는 러시아와 국경을 이루는 쿠릴열도와 접하고 있다.

　쿠릴열도 중에서 홋카이도에 근접한 4개의 섬은 에토로후 섬(3,139km²), 쿠나시루 섬(1,490km²), 시코탄 섬, 하보마이 군도인데, 이 섬들의 총 면적은 4,954km²이다. 이 면적은 제주도의 2.7배에 해당하는 면적이다.

　일본이 제2차 세계대전에서 패망한 뒤 쿠릴열도 중에서 일본이 소유하고 있던 4개 섬에 대한 모든 권한을 포기하면서 러시아의 땅으로 편입되었다. 그런데 홋카이도의 시청사에는 홋카이도와 아주 근접해 있는 이 네 개의 섬을 일본으로 반환하라는 플래카드가 붙어 있고 팻말이 서 있다. 홋카이도의 서쪽으로 커다란 이시카리만이 있는데 여기에는 오타루 항구 도시가 형성되어 있다. 이곳은 북양어업의 기지로서 세계 3대 어장을 이룰 적에 막대한 물량의 청어, 명태, 대게, 연어, 송어, 가자미가 어획되었다. 따라서 이러한 어류와 해산물을 처리하는 저장 창고와 가공 공장들이 형성되어 있었다.

그런데 쿠릴열도의 전 해역을 러시아가 관활하면서 북양어업은 쇠퇴하였고 명태잡이나 청어잡이도 끝났고 흥청거리던 오타루의 모든 어류 관련 산업은 쇠퇴하여 사라졌다. 일시에 공장 건물들은 쓸모없는 헛간으로 변하였다. 이에 새로운 발상으로 폐허가 된 공장을 개조하여 관광객을 유치하는 각종 관광 산업을 육성하였다. 이러한 건물은 제과, 제빵, 유리공예, 전시장, 식당가, 각종 공예품 상점으로 전환됐고, 새로운 면모의 오타루 시로 태어났다. 이렇게 오타루는 대단히 깨끗하고 깔끔한 관광도시가 되었다.

오타루항은 이제 텅 비어 있고 오로지 일본의 연안 감시선(Japan Costal Guard) 하나만 서 있다. 이 선박은 상당히 큰 규모의 최신 장비를 갖추고 있는데 아직도 해양감시나 동해의 어업을 지도하고 있는 듯하다.

오타루항의 선착장에는 아직 예전 건물들이 서 있으나 주변은 정결하게 관리되고 있다. 다시 말해서 어업기지의 창고들은 한산한 모습만을 드러내고 있다.

항내의 수질은 대단히 맑고 깨끗하며 푸른색의 청정해역으로 어로 활동의 흔적은 보이지 않는다. 그러나 식당에서는 해산물이 풍족하게 소비되고 있다. 예를 들어 붉은 대게의 경우에는 무한 리필로 제공되어 많은 양이 소비되고 있다.

대마도, 비련의 덕혜 옹주와 망국의 한

 덕혜옹주는 고종이 61세 때 궁녀의 몸에서 탄생한 옹주였다. 덕혜의 모친은 비천한 집안의 여성이었으며 오빠는 백정을 했던 양씨라고 한다. 고종은 세 명의 공주를 낳았으나 두 명이 어렸을 때 죽었으므로 덕혜를 귀하게 여겨 슬하에 두고 금지옥엽으로 키웠다고 한다.
 나라가 망해 가는 것을 실감하고 있던 고종은 덕혜의 약혼자를 물색하고 있던 중 독살되었는데, 이때 덕혜의 나이가 7살이었다. 이후 덕혜옹주는 일본으로 유학을 떠나 기숙사 생활을 해야 했다. 덕혜는 이미 극도의 외로움으로 향수병에 젖어 있다, 17세 때 어머니가 별세하자 귀국하여 장례식에 참석하였고 삼년상의 예를 드리고 싶었으나 여건상 곧바로 일본으로 떠나야 했다.

다시 도쿄로 돌아갔을 때 덕혜는 우울증이 극심해진 상태였다. 11세에 일본으로 잡혀간 영친왕과 이방자 여사가 덕혜의 병세가 심각한 것을 보고 함께 생활하고자 하였지만 몽유병 증세까지 보이는 등 증세가 심해져 결국 정신병원에 입원하기에 이른다.

덕혜옹주는 정략결혼으로 대마도 도주의 아들, 종무지(도주의 사촌동생의 아들을 양자로 들임)와 결혼하였고 일 년 뒤에 딸 정혜를 낳았다. 정혜는 성장하여 와세다의 영문과를 다니는 학생과 연애를 일 년 동안 하다가 엄마를 원망하면서 유서를 쓰고 세상을 등지고 만다.

남편 종무지는 덕혜옹주와의 사이에 아들이 없음을 빌미로 이혼을 종용했다. 이미 의식분별이 없을 정도로 병세가 악화된 덕혜옹주는 결국 이혼했고 영친왕이 후견인 역할을 하게 된다. 이후 종무지는 재혼하여 2남 1녀를 두었다.

덕혜옹주는 이혼 후 고국으로 돌아오려 하였으나 여건이 맞지 않아 미루어지다가 1978년 박정희 대통령의 시절에 이르러 비로소 귀국하게 된다. 그러나 귀국할 당시에 덕혜옹주는 이미 반신불수로 의식이 거의 없는 상태였다. 비원의 별채에서 지내던 덕혜옹주는 1989년에 72세를 일기로 별세한다.

남편이었던 종무지(소다케유키)가 덕혜옹주를 만나러 왔으나 후견인들이 상봉을 꺼려하여 돌려보냈다. 이렇듯 덕혜옹주는 망국의 비애를 한몸에 지닌 채 일생을 살아간 것이다.

실제로 덕혜옹주는 대마도에서 일주일밖에는 살지 않았고 도쿄에서 생활하였으나 대마도에 덕혜옹주를 기리는 결혼봉축기념비와 함께 공원이 조성되어 있다.

종무지는 훤칠한 키에 도쿄대학교 영문과를 졸업한 엘리트였다. 종무지는 자서전을 썼지만 덕혜와 24년 동안의 결혼생활에 대해서 한마디의 언급도 없었다. 덕혜에 대한 문건도 남아있는 것이 거의 없다고 한다. 덕혜가 결혼 초기에 남편과 찍은 사진이 남아 있는데, 미소를 띠고 있으며 그렇게 불행해 보이지는 않는 모습이지만 그 내면은 어떠했을지 생각해 보면 안타까운 마음이 든다.

종무지(소다케유키)가 말년에 대마도로 돌아와 시대가 변하고 도주의 지위를 놓친 것을 한탄한 유적이 남아 있다. 그가 쓴 시와 대마도를 세계의 중심에 놓고 그린 세계지도가 카미자카 공원 한쪽에 세워져 있다. 해발 385m의 산 위에 있는 카미자카 공원 전망대에서는 아소만의 아름다운 해안선을 내려다볼 수 있다.

동도와 서도의 최단 바다 거리는 175.7m이다. 여기에는 독도를 왕래하는 선박의 선착장과 방파제가 있으며 어부의 집도 있다.

5장

일본의 해양과 한일의 역사

화산과 지진의 나라, 일본

일본의 해양 양식

해양과학으로 본 일본

일본의 지리 환경과 후쿠시마 원전

일본의 조선 침략과 한일병합조약

열강들의 독도 영공 침범

화산과 지진의 나라, 일본

일본은 남한 면적의 3.7배이고 6천9백여 개의 섬으로 이루어진 나라이다. 이 중 4개의 커다란 섬인 혼슈, 시코쿠, 홋카이도가 일본을 구성하는 주요 섬이다.

일본의 행정구역은 43개의 현으로 나뉘어져 있고 그 밑에 시가 있다. 규슈는 부산과 불과 180km의 거리에 있으며 쾌속 페리로는 2시간 50분의 거리이다. 규슈에는 7개의 현이 있다. 규슈의 면적은 남한의 충청남북도를 뺀 면적과 거의 비슷하며 해양 환경 속에 함몰되어 있는 자연환경이라고 하겠다. 일본은 환태평양의 조산지대로서 북쪽에는 홋카이도가 있고 남쪽으로는 오키나와가 위치하여 남북의 길이가 대단히 길다.

일본의 자연 지리적 성격 또는 자연 현상으로는 화산, 지진, 온천, 태풍, 해일 등을 들 수 있다. 이러한 자연은 인간에게 천혜의 혜택을 주기도 하지만 재앙으로 많은 고통을 주기도 한다. 이러한 환경에서 일본 사람들은 자손들에게 남길 수 있는 유산으로 첫째가 삼림 자원이라고 하여 조림에 많은 것을 투여했고, 둘째는 장인 정신으로 대변되는 전통과 전래의 기술을 대단히 중요시해 왔다.

일본에는 3천3백여 개의 온천이 있고, 110여 개의 활화산이 있다. 규슈에서 용출되는 뜨거운 물은 식혀서 온천수로 사용한다. 95℃의 뜨거운 온천수는 너무 뜨거워서 지옥천이라는 별칭이 붙기도 한다. 이 물도 적정 온도로 식혀서 수증기를 쏘이거나, 발을 담그거나 하면서 온천욕을 한다.

지진과 화산으로 불안정한 땅을 되도록 안정되게 하려는 계획적인 국책 사업이 바로 조림이다. 울창한 숲과 더불어 백동백, 홍동백, 소철, 향나무, 주목, 사철나무, 은행나무, 소나무, 참나무 등을 관찰할 수 있으며, 조림목 중에는 편백나무도 많다. 초본 종류는 대체로 우리나라의 남부 지방에서 보는 것과 크게 다르지 않다.

세계 지진의 10% 정도가 일본에서 발생할 정도로 일본은 지진의 나라다. 따라서 자연재해를 예방하는 데 도움이 될 수 있는 모든 수단을 다 동원하고 있다. 이곳의 식생은 낙엽수도 많지만 겨울에도 녹색을 유지하고 있는 수목도 많다. 농작물의 경우에는 3모작을 할 수 있는 기후이기도 하다.

일본의 해양 양식

　　　　　　　　　　일본은 4개의 큰 섬과 환태평양의 수많은 섬들로 구성된 해양 강국이다. 일본의 육상 면적은 36만km²로서 세계의 60위권이나 바다의 영유권은 북태평양의 광활한 해역을 지녀 세계 6위이다.

　그럼에도 해양의 영토권 분쟁을 계속하고 있는데, 독도를 호시탐탐 넘보면서 우리나라와 영토 분쟁을 일으키는 한편, 중국과는 1895년 청일전쟁에서 승리하고 동중국해의 대만 근해에 있는 센카쿠열도를 주인 없는 섬이라고 실제적인 지배를 하고 있어서 최근 아주 심각한 갈등을 빚고 있다. 다른 한편으로는 러시아로부터 홋카이도에 인접해 있는 북방 4개 도를 반환받으려고 안간힘을 쓰고 있다. 이곳은 제2차 세계대전에서 승전한 러시아가 자기네 영토로 편입한 곳이다.

일본은 광활한 해양 영토를 가지고 세계 최대의 수산량을 보유한 나라다. 따라서 일본 해역의 해양생물은 양적으로도 대단히 풍부하고 질적으로도 다양하며 우수하다.

일본이 접한 바다는 위도상으로 대단히 넓으며 방대한 수산 면적을 지니고 있다. 특히 도서국가의 경우 해안선 수역은 문전옥토라고 할 만큼 수산 양식에 활용할 수 있다. 따라서 질적, 양적으로 우수한 오랜 전통의 양식 기술을 가지고 있다.

일본의 수산 양식의 발달은 특수한 경우를 제외하면 거의 모두가 해양생물의 생활환(life cycle)을 이용하여 인공적으로 산란, 수정, 치어 생산과 방류 등으로 생산성을 올리는 어업이다.

해태 양식의 예만 보아도 대단히 발달하여 반세기가 넘도록 많은 양을 생산해냈다. 해태는 세계적으로 55종이 기록되고 있는데, 일본 해역에서는 20여 종이 자생하고 있다. 우리나라의 경우에는 10여 종이 서식한다.

해태 양식은 프랑스의 드리우가 1949년에 생활환을 완성시켰으며 이것을 일본에서 적용함으로써 획기적인 생산 증대를 이루어냈다. 이 밖에도 카라기난과 우무 생산을 위하여 우뭇가사리, 천초 등의 홍조류들을 채취하고 있다.

그러나 이러한 양식 활동의 부작용도 크다. 한때는 도쿄만에서 해태 양식을 대대적으로 하였으나 해양오염이 심각해졌고, 결국에는 양식을 포기하고 우리나라 남해안에서 생산되는 해태를 수입하고 있다.

어류 양식에서는 광어와 방어의 바다 양식을 비롯하여 수많은 어류들을 생활환을 이용하여 양식할 뿐만 아니라 고급어종에 대해서는 일시적 축양 방법을 통하여 수산량을 유지하고 있다.

해양과학으로 본 일본

　　　　　　　　　　일본은 국토 전체가 섬이고 바다이다. 따라서 생존을 바다에 의존할 수밖에 없으며, 수천 년 동안 바다에 밀착하여 살아온 민족으로서 바다를 잘 알고 있을 뿐만 아니라 훌륭하게 활용하고 있다. 또한 이들은 해산물을 주식으로 한 식생활을 하고 있다. 이런 상황 때문에 일본은 해양 생물학이 고도로 발달해 있다.

　반면에 우리나라는 반도 국가로서 바다와 밀접한 생활을 하기는 하지만 일본처럼 절체절명으로 바다에 매달리지는 않는다. 그뿐만 아니라 삼천리강산은 자연환경이 우수할 뿐만 아니라 기후와 풍토가 대단히 좋아서 바다에 의존할 필요성이 높지 않다.

　해양과학에는 해양기상, 해양물리, 해양화학, 해양지질, 해양생물 등 여러 연구 분야가 복합적인, 또는 독자적인 연구영역을 가지고 있다. 여기에서는 해양생물 분야를 다소 언급하고자 한다.

바닷물 속에는 수많은 해양생물이 자생하고 있다. 땅과 바다에 서식하는 생물의 양을 비교해 본다면, 바다에서 90% 정도의 생물이 자생하며 10% 정도는 육상에 자생한다. 바다에서는 입체적으로 생물이 살기 때문에 지상보다 약 300배 정도 더 커다란 생활공간을 갖는다.

일본은 섬나라이지만 국토 면적이 클 뿐만 아니라 해수면의 면적은 더 클 수밖에 없다. 땅과 바다의 모든 면적이 일본 사람들에게는 생활터전이 되는 것이다. 따라서 수산 자원의 생산력은 세계적이고 해양양식도 고도로 발달해 있다. 이런 분야의 발달은 다른 나라의 추종을 불허한다.

이러한 수산 양식, 해양 생산은 기초과학적인 바탕이 없으면 이루어질 수 없는 응용과학의 산물이다. 일본인들은 고유한 장인기질을 가지고 해양 생물학 발전에 전력을 다하고 있다. 그들은 기초과학뿐만 아니라 다른 곳으로부터 그 원리를 쉽게 받아들여 적용하는 응용력도 뛰어나다. 일본은 해양과학의 전 분야에 있어서 발군의 실력을 갖추고 있으며 특히 해양 생물학 분야는 더욱 뛰어나다.

일본의 지리환경과 후쿠시마 원전

　　　　　　　　　일본의 국토는 환태평양의 화산과 지진을 담고 있는 불의 고리 중의 일부이다. 따라서 태풍, 화산, 지진은 자연스러운 현상일 수밖에 없다. 수시로 일어나는 화산 대폭발 같은 예기치 못한 자연재해를 일본은 감수하며 살아갈 수밖에 없다. 다시 말해서 일본은 바다에서 일어나는 자연 현상과 지진 같은 지각운동을 피할 수 없는 여건 속에서 살아간다. 이러한 자연의 특성이 일본 사람들의 안거낙업(安居樂業)을 소망하는 인성에 들어 있다.

　해황의 변화에 따라서 생성되는 큰 파도가 해안 지역에서 발생하는 지진 같은 지사운동과 겹쳐질 때 해일이 일어난다. 이런 해일은 막대한 파괴력을 지녀 재산피해는 물론 인명피해를 입힌다. 이런 자연재해에 대단히 취약한 일본인은 오매불망(悟寐不忘)으로 안정된 생활을 기원하지만, 바다를 기반으로 한 국민 생활은 해양 환경과 밀착되어 있다.

지구 내부에는 마그마 즉 용암이 존재하여 지각의 변동을 일으키며, 지구의 운행 질서에 참여한다. 바다에는 기온, 수온, 바람, 햇빛과 같은 다양한 요인이 각기 또는 공조하여 지구환경으로 작용한다. 바닷바람, 특히 태풍은 대단히 위협적인 형태로 나타나기도 한다.

자연재해는 언제 어디서 어떻게 발생할지 가늠할 수 없으며 여기에 인재까지 겹치면 무서운 결과를 가져온다. 2011년 3월 11일, 후쿠시마 원전은 강력한 지진의 발생으로 방사선 동위 원소의 막대한 누출을 가져왔다. 이것은 1986년 4월 26일 우크라이나의 체르노빌 원전 사고보다 더 커다란 인재였다.

최근(2021년) 일본은 후쿠시마 원전에서 발생한 오염수를 태평양에 투기하기로 결정했다. 태평양이 크고 방대한 수량을 가지고 있지만 후쿠시마의 원전에서 나오는 방사선 동위원소의 양도 막대하여 인류의 생존 터전을 오염시킬 것이다. 일본으로서는 어쩔 수 없는 골육지책(骨肉之策)이라고 하나, 태평양은 일본이 소유한 바다가 아니며, 전 인류의 생존을 좌우하는 막대한 기능을 지닌 바다이다.

후쿠시마 원전의 동위원소 방류에서 오염물질의 농도가 어떻고 반감기가 어떻고를 떠나서 한 국가의 오염 물질을 자체 해결하지 않고 공해로 투기한다는 것은 유감이 아닐 수 없다.

이렇게 엄청난 해양투기는 일차적으로 인접국가에 심리적으로도 막대한 부담을 주는 일이다. 일본은 오염수를 방류하기보다는 자체 처리함으로써 국제적인 해양오염을 막고 이웃나라에 피해를 주지 않도록 하는 것이 마땅하다.

바다는 인간이 살아가는 데에 있어서 모태와 같이 중요하다. 다시 말해서 인간의 젖줄인 셈이다. 그러나 때로 바다는 커다란 위력으로 인간을 위험에 빠트리기도 한다. 지구는 대부분 바다로 덮여 있으며, 지구의 운행에는 바다가 중요한 영향을 미치고 있다. 바다는 인간의 생존에 절대적인 역할을 한다.

일본의 조선 침략과
한일병합조약

          1905년 일본은 조선에게 강압적으로 을사늑약을 맺게 하고 5년 뒤인 1910년에 '한일병합조약'을 강압적으로 체결함으로써 조선은 역사의 뒤안길로 사라지고 일본의 속국이 되었다.

  일본은 내선일체의 '문화정치'를 실행함으로써 조선인의 성씨를 일본인에게 맞추어 쓰도록 창씨개명을 시행하였다. 이것은 세계 역사상 유례가 없는 식민정책이었고 민족의 뿌리를 없애려는 인종 말살 정책이었다.

  이 당시에 조선인들에게는 독립을 기대한다는 것이 힘들었고 독립은 불가능한 것으로 보였었다. 민족의 불행이 극치에 달한 시절로서 조선의 선각자들조차 독립의 희망을 버리고 결국에는 일제의 강압에 굴종

할 수밖에 없었다.

일제는 조선의 지식인을 동원하여 내선일체 정책에 협력하도록 강요하였다. 일본은 그들을 앞잡이로 내세워 다각적으로 이용하였다. 이로써 조선의 지식인들은 글과 강연으로 친일 행동을 해야만 하는 꼭두각시 인생으로 전락하였다. 그들은 심지어 조선의 젊은이를 선동하여 어쩔 수 없이 군대 징집에 응하고 전쟁터에 나가도록 하였으며, 창씨개명에도 앞장서 성과 이름을 바꾸고 동포들에게 개명을 하도록 강연을 다니기도 하였다.

일제는 그 당시 최고의 지식인이었던 최남선, 이광수 등을 동원하여 친일 행각을 강압하였다. 이들에게 참으로 불행한 인생의 굴곡이 아닐 수 없었다. 일제하의 공기로 숨을 쉬지 않는 한 어쩔 수 없는 노예 생활이었다.

서도 쪽의 바다에서 바라본 동도와 서도의 원경. 서도는 해발 168m의 고도이고 동도는 98m의 고도로 두 섬의 형세는 전혀 다르다. 독도의 바다를 360° 선회하면서 보는 독도의 면모는 매우 다채롭다.

열강들의
독도 영공 침범

　　　　　　　　　　2019년 7월 23일, 러시아 군용기가 2차례에 걸쳐 7분 동안이나 독도의 영공을 침범하고 중국과 러시아의 폭격기가 한국방공식별구역(KADIS)에서 무려 3시간 12분 동안 합동 군사훈련을 하였다. 우리 공군이 이 지역에 출격하여 러시아 군용기 반대 방향으로 360발의 경고사격을 하는 급박한 상황이 벌어졌다. 1953년 정전협정 이후 처음 있는 일이었다. 동해 상공에 우리 군용기 18대, 일본 자위대 10여 대, 중국과 러시아의 군용기 5대가 동시에 출격한 셈이다. 마치 공중전을 방불케 하는 상황이었다.

　이는 마치 조선 말기에 열강이 한반도로 몰려와 충돌하기 시작한 형국과 비슷한 상황이라 하겠다. 그때처럼 대륙세력과 해양세력이 부딪치는 장면이고 말도 안 되는 강대국들의 영공 침범이었다. 강대국들의 힘

앞에 법이 무슨 소용이 있는가.

그런데 일본은 우리 공군이 러시아 군용기에 경고사격을 한 것을 가지고 일본 영토인 다케시마의 영공에서 사격을 한 것을 받아들일 수 없다며 적반하장 격으로 우리나라에 항의했다. 참으로 어이없는 현실이 아닐 수 없다.

우리나라와 이웃한 일본은 유구한 역사 속에 정치, 경제, 사회, 문화, 예술 등 모든 분야에서 교류가 있었다. 그러한 과정에서 쌓인 것도 많으며, 서로 감정의 골도 깊게 남아 있다.

1910년에 일본은 조선 왕조를 멸망시켜 식민지로 삼았고, 제1차 세계대전과 제2차 세계대전을 일으키며 우리 민족을 가혹하게 수탈하고 잔인하게 인권을 유린하여 수많은 생명을 앗아갔다. 일본은 이러한 과거의 잘못에 대하여 사죄해야 함에도 진지한 성찰이 부족하다. 그런데도 우리는 감정의 골을 털어내고 서로 협력하면서 미래를 향하여 평화롭게 사는 것이 마땅하다.

2부

독도의 괭이갈매기와 민족의 수난기

1장

독도의 괭이갈매기

괭이갈매기 군락
대마도(쓰시마 : Tsushima) 의 바다 자연과 영토권
바다의 약육강식 : 대륙붕의 의미
제2차 세계대전과 열강의 회담
카이로회담과 테헤란회담

괭이갈매기
군락

      독도에서 해조류(海鳥類 : 바닷새)의 서식 환경이 좋은 것은 무엇보다도 먹이 피라미드가 이상적으로 형성되어 있기 때문이다. 풍부한 해양생물이 해조류의 먹이로 충분하게 공급되면서 여러 종류의 해조류 중에서 특히 괭이갈매기의 집단이 우점종으로 극상(climax)을 이루고 있는 것이다.

  독도에 이처럼 다양하고 많은 해조류(바닷새)가 관찰되는 것은 자연지리적인 성격에도 기인한다. 왜냐하면 독도는 넓은 동해 바다의 한 가운데 위치하고 있기 때문에 철새가 이동하는 중간 휴식처 내지 일시 기착지가 되고 있기 때문이다.

  괭이갈매기 군락이 비상하는 모습은 독도의 독특한 자연과 함께 환상적인 경관을 연출한다. 독도에 서식하는 괭이갈매기는 1만여 개체로 추산되는데, 괭이갈매기의 서식환경으로 먹이가 풍부하고 번식 환경이 적합하기 때문에 이처럼 많은 개체들이 모여 살 수 있는 것이다. 독도 인근에 대 군락을 이루는 괭이갈매기는 천연기념물로 지정 보호되고 있다.

독도의 육상은 암석을 제외하면 토양 전체가 괭이갈매기의 둥지라고 해도 과언이 아니다. 공간에 비해서 개체수가 너무 많기 때문에, 괭이갈매기 사이에는 살아남기 위한 치열한 경쟁과 영역다툼이 벌어지고 있다. 이런 자리다툼은 개체들에게는 대단히 절박한 생존권이 아닐 수 없고, 과대 번식을 제한하는 조건이기도 하다.

어미 괭이갈매기가 약 25일 정도 알을 품어야 병아리가 부화된다. 산란과 부화의 시기에 괭이갈매기들 사이에 벌어지는 자리다툼은 생사와 직결되는 치열한 결투일 수밖에 없다. 생존경쟁에서 지는 개체는 물가의 돌 틈이나 풀숲 사이 또는 절벽의 틈새 같은 아주 열악한 환경 속에서 둥지를 만들고 새끼 병아리를 기를 수밖에 없다. 이런 곳에서는 새끼들의 생사에 큰 위험부담이 따르기 마련이다.

괭이갈매기의 병아리가 부화하고 성장하는 시기는 독도 연안과 근해에 부유하는 모자반 군집에 꽁치 떼가 산란하고 부화하는 번식시기와 일치한다. 따라서 이 꽁치 알이 바로 괭이갈매기를 번식시키는 최상의 먹이가 된다.

괭이갈매기는 바다 깊이 자맥질하여 먹이를 찾는 능력이 없으며 오로지 수표면 가까이 있는 먹잇감만을 섭취한다. 이때 꽁치 알은 어린 괭이갈매기에게 이상적인 성장조건을 충족시켜 주는 먹잇감이다.

독도에는 괭이갈매기 외에도 흑비둘기, 백로, 소쩍새, 바다제비, 슴새, 매, 고니, 솔개, 쇠가마우지, 물수리, 방울새, 학도요, 중부리도요, 산솔새, 붉은머리멧새, 귀제비, 북방쇠찌르레기, 흰날개해오라기, 할미새, 쇠물닭 등 백여 종류가 넘는 조류가 서식하고 있다. 단위 면적으로 볼 적에 대단히 커다란 다양성과 밀도를 나타내는 것이다. 이와 함께 독도의 다양한 해조류는 뛰어난 해양 경관을 연출한다.

우리나라 남서 해역의 흑산군도에 있는 홍도 또한 괭이갈매기의 대량 서식지로 알려져 있으며, 이들이 비상하는 군무와 함께 펼쳐지는 해양의 자연경관은 대단히 아름답다. 홍도 역시 괭이갈매기의 서식 환경이 좋은 것이다.

지구상에는 이와 같은 갈매기의 서식 장소가 여러 곳 있다. 알래스카의 프린스윌리엄사운드의 해안에 펼쳐진 산은 전체가 갈매기 군락의 둥지를 이루고 있다. 한대 해역에서 수십만 마리가 커다란 집단을 이루어 자생하는 현장이다. 이곳 역시 해역이 조달하는 풍부한 먹이가 갈매기의 번식을 허용하고 있다. 또한 이곳의 아름답고 경이로운 해양 경관은 역시 북극권의 관광명소를 만들고 있다.

필자는 영불해협의 한 해역에서 하늘을 온통 뒤덮으며 이동하는 70-80만 마리의 오리 떼를 작은 배 위에서 바라본 적이 있다. 너무 돌발적인 상황이어서 충격적이었으며, 동승했던 실험실의 연구원들도 경탄을 금하지 못한 채 멍하게 바라보고 있었다. 우리나라에서도 가창오리 떼의 비상은 하늘 위에 대단히 아름다운 경관을 연출한다.

이러한 경관은 세계 도처에서 관찰된다. 특수한 해황으로 무한정의 용승현상이 발생하면서 폭발적인 광합성 작용이 일어나고 방대한 양의 어류가 생산되는 모리타니의 해역, 그 중에서도 방다르갱 국립공원의 해역 역시 해조류, 또는 갈매기의 천국이라고 할 수 있겠다. 군집이 크기도 하고, 비상하는 군무도 아름답다. 이 모든 것은 바다로부터 풍부하게 조달되는 먹이가 있기 때문이다.

독도는 괭이갈매기의 집단 서식지로 육상의 모든 토양이 괭이갈매기의 둥지라고 할 수 있을 정도이다. 괭이갈매기는 바다의 풍부한 먹이를 섭취하는데 깊이 자맥질하지 못하고 표면의 먹이를 주로 취한다. 괭이갈매기의 비상하는 모습은 평화롭고 안정된 생태계를 보여주고 있다.

대마도(쓰시마 : Tsushima)의 바다 자연과 영토권

　　　　　　　대마도의 해류는 흐름상 중요한 요충지를 이룬다. 난류인 쿠로시오 해류는 북상하면서 대마도의 북쪽과 남쪽으로 흐름이 갈라지는데, 우리나라 쪽으로 흐르는 해류를 동한 난류라고 하며 황해 쪽으로 흘러가는 해류를 황해 난류라고 한다. 그리고 일본 쪽으로 흘러서 북상하는 해류를 쓰시마 해류라고 한다.

　한편, 북쪽에서는 한류인 쿠릴 해류가 남하하는데, 북한 쪽으로 흘러내리는 해류를 리만 한류 또는 북한 한류라고 한다. 북상하고 남하하는 해류가 만나는 곳에서는 일반적으로 풍부하고 다양한 어류가 잡히며 어장이 형성된다.

　청진 해역에서는 한때 많은 양의 정어리와 청어가 어획되었다는 기록이 있고 세계의 3대 어장을 이루기도 하였다. 그러나 지금은 이 어류들이 거의 사라지고 꽁치 어장이 형성되거나 양미리 같은 어종으로 대체되기도 한다. 어장 환경에 따라서 어족자원의 고갈이나 대체어종의 출현이 종종 발생한다. 크게 보아서 대마도는 해류의 이동 길목이며 어장 형성의 입구인 셈이다.

대마도에는 107개의 섬이 흩어져 있는데 주로 아소만에 많다. 그중 유인도는 5개뿐이다. 미우다 해안은 아주 작은 해안인데, 모래가 밀가루처럼 가늘고 주변에 병풍처럼 낮은 구릉으로 둘러싸여 있으며 만의 안에 작은 섬이 수목림을 이루고 있어서 아주 좋은 경관을 연출한다. 이곳의 해수욕장은 옥색의 바다, 고운 모래밭과 낮은 수심의 해안, 무엇보다도 전혀 오염되지 않은 천혜의 자연 조건을 지니고 있다.

대마도는 상대마와 하대마로 나누어진다. 러일전쟁 때 만제키바시 해협을 운하로 구축하고 다리를 놓으면서 하나의 섬이 완전히 상하로 나눠진 것이다. 러일전쟁 때 발틱 함대가 대한해협을 지나 대마도의 상단에 진입하였을 때 일본 해군은 러시아 함대를 앞뒤로 포위하여 임진왜란 때 이순신 장군에게 참패한 뒤 익혀 둔 학익진 전법으로 34척의 러시아 군함을 침몰시키고 승전한다.

쿠로시오 난류는 대단히 커다란 해류로서 우리나라의 부산, 양산, 기장 쪽을 지나고 일본의 시마네현 쪽으로 흐른다. 따라서 이 일대의 기후는 겨울에도 대단히 온화하고 따뜻하며 이때 우리나라의 해역에서는 방어를 비롯한 난류성 어족이 잡힌다.

대마도와 쿠로시오 해류는 지정학적으로 여러 나라 국적의 해군 이동을 파악하는 데 대단히 중요한 기능을 가진다. 예를 들어 쓰시마 해협을 지나는 함대를 관측한다는 것은 아주 긴요한 전략적 행위라 하겠다. 이러한 이점을 가지고 일본은 러일전쟁에서 승리했고 막대한 승전보상금을 다시 세계대전을 치르는 에너지로 사용했다.

대마도는 지리적 측면에서 본다면 옛날부터 한반도와 일본 사이에서 생존을 위해 적당히 교류하며 살아왔기 때문에 정치, 경제, 사회 등의 지정학적인 문화유산은 우리나라의 것과 적절하게 배합되어 있다.

대마도가 신라, 고려, 조선을 거치는 동안 우월한 나라의 문화를 적극 받아들인 것은 마치 에너지의 흐름과 유사한 현상이다. 우리나라의 우월한 문화와 경제에 막대한 영향을 받은 흔적이 남아 있다.

다시 말해서, 대마도는 대륙으로부터 각종 문물을 받아들였다. 청동기 문화, 벼농사, 불교, 한자 등을 전수받아 본토로 전달하는 역할을 하였다. 농토가 아주 부족한 대마도는 한반도와 무역이 왕성할 수밖에 없었다. 따라서 경제뿐만 아니라 물질문화의 유적 즉, 각종 서적, 불상, 산성, 고분에 이르기까지 받아들이지 않은 것이 없다고 하겠다.

그러나 우리나라가 일제 35년의 통치를 받으면서 대마도는 불가피하게 일본으로 편입되었다. 하지만 대마도에는 우리의 문화유산이 도처에 퍼져 있었고, 우리가 독립을 하면서 이승만 대통령이 평화선을 선포하고 대마도도 한국 땅이라고 선언하자 일본은 영토 분쟁에 휘말리는 것을 미연에 방지하기 위하여 우리의 문화유적을 말소시키는 데 신경을 썼다.

  일본이 1905년에 을사늑약을 맺고 1910년에 한일병합조약을 맺으면서 조선 왕조는 역사의 뒤안길로 사라지는 비운을 맞게 된다.

바다의 약육강식
: 대륙붕의 의미

　　　　　　　　　　인간은 고상한 정신문화를 소유하고 있지만 '먹어야 한다'는 잠재적이고 노골적인 본능에 사로잡혀 생활하는 것을 보면 생물의 세계와 별로 다를 바가 없다.

바닷속 생물의 세계는 마치 오케스트라 단원들과 같이 조화롭고 평화롭다. 그러나 서로 식성에 맞추어 먹고 먹히며 사는 치열한 생존경쟁의 도장이다. 그들이 뛰노는 싱그러운 현장은 우리들에게 아름답고 자연스러운 경관이다.

이런 생물의 세계는 식물이든 동물이든 서로 뒤죽박죽으로 뒤엉킨 아수라장 같으나 역시 질서정연하다. 큰 것이 작은 것을 먹고, 힘이 힘을 흡수하는 물리적인 순환의 세상이다.

해양에서 이러한 생존경쟁이 주로 벌어지는 수층은 태양광선이 물속으로 투과되는 수층이다. 다시 말해서 광선이 투과되어 광합성 작용이 이루어지는 수심까지를 말한다. 일반적으로 대륙붕의 깊이인 2백 미터 정도까지이다. 이곳은 생물자원의 보고라고 할 수 있다.

대륙붕에서는 각종 동식물이 서로 물고 물리고 뜯고 찌르거나 저돌적으로 달려들어 전광석화처럼 순식간에 통째로 삼키는가 하면, 때로는 살랑거리면서 상대방을 쪼아 먹거나 빨아 먹기도 하는 다양한 형태의 약육강식과 공생, 기생의 생활 패턴을 보인다.

한편, 칠흑같이 어두운 무광선 수층은 수심 200m 이하의 수층으로 광선이 수심 깊이 도달하지 못하여 어두우며, 광투과층을 떠받치고 있다. 이곳에서는 광합성이 이루어지지 않으며 무거운 침묵이 흐르는 깊은 수심의 암흑 수층이다.

바다의 깊은 수층은 무기물질의 저장고와 같다. 수량이 대단히 방대하고 괴생물이 존재하며 아직까지 잘 연구가 되어있지 않고, 생체량으로 본다면 큰 의의를 찾을 수 없는 광대한 공간이다.

그런데 이곳에서 생활하는 생물은 교묘하고 기발한 수단으로 먹이를 찾아 섭생한다. 형광 램프를 가지고 먹이를 찾는 종류, 입을 벌리고 떨어지는 시체를 받아먹는 종류 등 그 양태가 각양각색이라고 보고되어 있다.

현대 사회의 인간의 능력은 광범위하며, 심성적으로는 신사라고 자부한다. 그렇지만 생존을 위해서 저변에 깔린 치사하고 옹졸한 먹이사냥 속성은 수중 생물의 작태, 습성, 방법과 많이 닮아 있다.

이 모든 것은 근본적으로 생명이 바다에 기원을 두고 있기 때문이고 원시 생물의 모태 속성을 지니고 있기 때문이라고 하겠다.

모천회귀성 어류인 연어는 자신이 태어난 하천을 다시 찾아가서 알을 낳고 새끼를 번식시키면서 생을 마감한다. 사람도 고향을 떠나 풍요롭고 평화로운 세상을 찾아다니며 생활하다가 생을 마감할 때는 고향을 그리워하는 귀소 본능이 있다.

제2차 세계대전과
열강의 회담

　　　　　　　　　　제2차 세계대전은 1939년 9월 1일에 시작하여 1945년 9월 2일 일본이 미국 함대에서 항복 문서에 서명하면서 끝이 났다. 이 전쟁은 역사상 가장 많은 인명피해와 재산피해를 남긴 전쟁이었다. 인명피해만 보더라도 연합군 측이 상대편보다 무려 5배나 많은 6천1백만 명 이상이 희생되었고, 상대 교전국들에서는 1천2백만 명 이상이 희생되었다.

　제2차 세계대전을 전후하여 미·영·소 등의 열강은 세계 각국의 영토권을 좌지우지하며 세계지도를 다시 그리고 있었으며 권력의 질서 재편에 몰두하고 있었다. 미국과 영국의 정상은 중국과 카이로회담에 이어서 소련과도 테헤란회담을 했을 뿐만 아니라 그 전후에도 수많은 회담이 있었다. 열강인 승전국의 결정에 따라 약소민족이나 약소국가들은 부활하는 상황이었다. 이들의 회담 내용은 모두 자기들의 세력 확장과 이해득실에 관한 것이기도 했다.

카이로회담은 1943년 11월 23일부터 26일까지 카이로에서 미국, 영국, 중국이 참석하여 제2차 세계대전 뒤에 한국의 독립을 결정한 회담이다. 이때에 중국의 장개석이 한국의 독립을 공약하는 데 한몫을 했다.

1943년 11월 28일부터 12월 1일까지 이란의 수도 테헤란에서 미국의 루즈벨트, 영국의 처칠, 소련의 스탈린이 3자 회담을 벌였다. 연합군의 승전에 필요한 전력 증강을 합의한 회담이었다.

얄타회담은 1945년 2월 4일부터 11일까지 흑해의 크림반도에서 열렸다. 미국, 영국, 소련이 참가했으며 미국의 루즈벨트와 소련의 스탈린이 3.8선을 경계로 한국 땅을 분할 점령할 것을 결정하였다.

포츠담회담은 1945년 7월17일부터 8월2일까지 미국, 영국, 소련의 대표들이 베를린의 근교에 있는 포츠담에서 전후 처리에 대하여 선언을 한 것이다. 종전 바로 전의 원폭에 대한 영수 회담이었으나 한국의 독립에 대해서는 언급되지 않았다.

1945년 7월 26일에 미국, 영국, 중국, 소련이 일본의 히로시마와 나가사키에 원자폭탄 투하를 결정했다. 이 공격으로 일본은 무조건 항복을 하였는데 미국은 8월 14일에 일본의 무조건 항복을 수락하였다.

이러한 공격으로 카이로선언이 이행되었다. 착취, 억압, 가난, 무지, 억

울함을 떨쳐버리고 해방을 맞는 순간이었으며 광명천지의 희망찬 대한민국이 탄생하는 순간이었다.

샌프란시스코 조약은 제2차 세계대전이 끝난 뒤인 1951년 9월 8일에 패전국인 일본과 승전국인 49개의 연합국 사이에 맺은 평화 조약이다. 이 조약은 제2차 세계대전의 전쟁 상태를 종결시키는 평화 조약이었다. 이 조약을 샌프란시스코 조약 또는 샌프란시스코 평화 조약 나아가서는 샌프란시스코 강화 조약이라고도 부르는데, 이 조약을 주도한 것은 미국과 영국이었다.

카이로회담과 테헤란회담

카이로회담은 1943년 11월 23일부터 26일까지 5일간 이집트의 수도 카이로에서 미국의 루즈벨트, 영국의 처칠, 중국의 장개석(장제스)이 참석하여 제2차 세계대전 후에 한국의 독립을 결정한 연합국의 수뇌 회담이었다.

카이로회담의 선언문에는 다음과 같은 4가지의 요점이 들어 있다. 첫째, 미·영·중 3국은 일본의 침략을 응징하기 위하여 전쟁을 한 것으로 동맹국은 자국의 영토를 확장하거나 이익을 도모하지 않는다. 둘째, 1914년 일본이 제1차 세계대전 이후에 점령한 태평양의 섬들을 박탈하고 만주, 대만, 팽호도 등 청나라로부터 점령하여 탈취한 지역을 중화민국에 반환한다. 셋째, 일제에 합방되어 노예 상태에 있는 한국 국민을 자유 독립시킬 것을 결정한다. 마지막으로 이를 위해 연합국은 일본이 무조건 항복을 할 때까지 장기적 작전을 수행한다는 것이다.

　루즈벨트 대통령은 미·영·소·중 4개국의 회담을 추진하였으나 실패하자 먼저 미·영·중의 카이로회담을 개최하였고 뒤이어서 미·영·소의 회담을 테헤란에서 개최했다. 이때에 미국과 영국이 한국을 40년 동안 신탁통치할 것이라는 언론보도가 나오기도 하였으나 스탈린은 즉시 독립시킬 것을 강력하게 주장하였다.

　1943년 11월 28일부터 12월 1일까지 이란의 수도 테헤란에서 미국의 루즈벨트, 영국의 처칠, 소련의 스탈린이 3자 회담을 벌였다. 제2차 세계대전이 벌어지던 중이었으므로 한층 강화된 전력을 투입하기로 합의한 회담이었다.

　이때는 한국이 일본의 한 부분으로 합병되어 있던 시기로 전쟁이 끝난 후에는 신탁통치를 20-30년 동안 한다는 언급이 있었을 뿐이다. 회담에서 한국의 존재는 어디에서도 찾아볼 수 없었고 오로지 패전국 일본에 병합된 영토로만 여겨지고 있었다. 이렇게 우리는 약소국가, 약소민족으로 존재감이 없었다.

삼봉도의 위용. 독도에 나란히 선 세 개의 산봉우리를 가리켜 삼봉도라고 한다. 바위산 세 개가 바다 위에 떠 있는 삼봉도는 빼어난 경관을 보여준다. 독도의 절경 중의 하나이다.

2장

독도, 민족 수난의 역사를 함께하다

민족의 수난기와 독도

자연이 다른 두 나라 : 왜구와 임진왜란

임진왜란과 도요토미 히데요시

일제 강점기 시절

관동(關東 : 간토) 대지진과 조선인 학살사건

민족의 수난기와
독도

　　　　　　　　　일본의 식민지로부터 광복을 맞아 대한민국이 수립된 것은 우리 민족에게 광명천지의 꿈과 희망의 새로운 세상이 펼쳐진 것이다. 그러나 제2차 세계대전의 전승국들은 전리품처럼 남북을 갈라서 우리 민족에게 고통을 주었다.

　자유민주주의의 대한민국이 출범하자 러시아에 점령되었던 북한은 1950년 6월 25일에 김일성이 스탈린과 공조하여 남쪽을 침공하면서 6.25 동란이라는 동족상쟁의 피비린내 나는 전쟁을 일으켰다. 이 전쟁의 결과로 우리 민족에게는 300여만 명의 희생자가 발생했고, 천여만 명의 이산가족이 되어 반세기가 훨씬 넘도록 단장의 아픔을 가지고 살아가고 있다. 참으로 비통한 사실은 우리가 아직도 지구상의 유일한 분단국가로 통렬한 아픔을 지닌 채 살아가고 있다는 것이다.

스탈린은 1944년 얄타회담을 통하여 한반도의 분단을 주도했으며, 1950년에는 김일성을 앞장세워 전쟁을 일으킨 전범으로서 1953년 74세에 뇌졸중으로 죽었다. 스탈린의 생가와 박물관이 조지아의 수도 트빌리시 서북쪽에 있는 고리 마을에 있는데, 이곳에는 스탈린의 일대기를 생생하게 조망할 수 있는 자료들이 전시되어 있다.

스탈린은 1879년에 구두 수선공인 아버지와 가난한 집안 출신의 어머니 사이에서 태어나 극빈한 유년시절을 보냈다. 그는 3-4평밖에 안 되는 옹색하고 보잘 것 없는 셋집에서 4살까지 살면서 이웃으로부터 조롱받고 소외된 생활을 하였다고 한다.

스탈린은 1902년에 시위로 투옥된 이후 7번이나 투옥되었으며 1904년 경에 결혼하였으나 1906년 아들의 출생과 함께 부인을 잃는다. 제2차 세계대전 때 아들이 독일 군대에게 포로로 잡혀서 독일이 협상을 제의했으나 거부하여 아들을 잃기도 했다. 그리고 1919년에 다시 결혼하여 1남 1녀를 낳았으나 부인은 스탈린의 행적에 혐오감을 느껴 자살하였고, 딸은 현재 미국에서 살고 있다고 전해진다.

스탈린은 소련의 권력자였던 레닌의 비서로 있다가 1924년 레닌이 죽자 암투와 행운을 바탕으로 권력을 장악하면서 극악무도한 독재자가 되었다. 권력을 장악한 뒤 그는 자기 고향인 조지아에서 14만 명을 숙청하고 70여만 명을 전쟁에 동원하여 40여만 명이 희생되었다. 자기가 태어난 고향을 탄압한 사례로서, 이 지방 사람들은 아직도 스탈린을 몹시 나쁘게 평가하고 있다고 한다.

파죽지세 같았던 북한의 남침은 미국을 비롯한 16개국의 유엔군의 참여와 34개국으로부터 식량과 원호물자 등의 지원으로 전세가 바뀌게 되었다. 한편, 제2차 세계대전의 패전국으로 황폐했던 일본은 한국 전쟁의 발발을 계기로 경제적으로 부흥하는 기회를 맞고, 오늘날과 같은 경제 대국의 기초를 닦을 수 있게 되었다.

이런 관점에서 6.25 전쟁은 우리에게 최악의 고통과 단장의 아픔을 주었지만 일본에게는 최고의 경제적 특수를 가져다준 절호의 기회였다. 이러한 기회로 번영했던 일본은 독도에 대해서 더 이상 욕심을 부려서는 안 되고, 우리를 더 이상 괴롭혀서도 안 된다.

독도는 이러한 전쟁 중에 미국의 폭격 연습장으로 사용되면서 물개가 사라지고 생태계가 파괴되는 자연재해를 입었으며, 이곳에 출어하던 어민들의 피해 또한 뼈아픈 상처로 남아 있다. 이런 시대 상황은 어쩔 수 없는 사태였거니와, 그럼에도 불구하고 자연은 시대에 따라 마치 상전벽해처럼 변화하고 있음을 알 수 있다.

자연이 다른 두 나라
: 왜구와 임진왜란

                설화이기는 하지만 우리 민족의 뿌리는 천제(天帝)의 아들인 환웅이 웅녀와 결혼하여 단군왕검이 탄생한 것으로부터 비롯된다. 따라서 우리 민족의 시조의 어머니인 웅녀는 본 태생이 곰으로서 사람이 되기 위해 마늘과 쑥을 먹으면서 어둡고 추운 동굴 속에서 무던히 참고 견디면서 간절한 백일기도 과정을 통하여 사람이 되었다. 다시 말해서 참고 견뎌냄으로써 곰에서 한 나라의 시조를 잉태한 어머니가 된 것이다.

  한반도는 고조선, 삼국시대, 고려, 조선 그리고 대한민국으로 이어지는 유구한 역사와 함께 아름다운 자연, 살기 좋은 지리적 환경을 가지고 있다. 애국가의 첫 소절인 "동해물과 백두산이 마르고 닳도록"에서 언급되는 동해와 백두산만 보더라도 우리나라가 독특한 자연 지리와 얼마나 밀접한 관계를 지니는지 알 수 있다.

동해는 우리가 생각하는 것보다도 크고 깊은 바다이다. 넓이로는 남한 면적의 10배가 넘으며 최대 수심은 3,762m, 평균 수심이 1,361m나 되는 깊은 바다이다. 또한 동해 속에 담겨있는 물, 즉 수량은 헤아리기 어려울 정도로 많다. 우리의 애국가는 이러한 동해의 물이 말라서 없어질 만큼 장구한 세월 동안 무궁하게 번성하기를 기원하고 있다. 백두산은 2,744m나 되는 크고 높은 영산으로서 우리 민족의 기원지인데 이 거대한 산이 닳아서 없어질 만큼 이 민족이 영원하기를 바라는 것이다.

우리에게 일본은 지금과는 달리 옛날에는 바다 건너 동쪽으로 구만리 아득하게 먼 섬나라였다. 그리고 그 망망대해의 가운데 아무도 돌아보지 않은 독도가 있었다. 이 때에 독도가 무슨 의미가 있고 무슨 가치가 있었겠는가. 그래서 1960년대 한일 국교 협상이 이루어지고 있을 때에 대표단의 한 사람은 아무런 쓸모가 없고 분쟁만 일으키는 바위섬을 폭파해 버리자는 말까지 했다고 한다.

그러나 지금은 물질문명이 극도로 발달했고 시공간적으로 축지법이 실현되어서 거리감이 사라진 지 오래되었다. 해양이 국토이고 바닷물이 자원이 되는 현시점에서 독도의 중요성은 한없이 커지고 있다.

지리적으로 우리나라는 대륙과 섬을 잇는 동북아시아의 요충지이며, 온화한 기후에 비옥한 땅을 가졌을 뿐만 아니라, 자연재해가 거의 없는 살기 좋은 나라이다. 다시 말해서 우리나라에는 타오르는 화산이 없고, 혹독한 지진이 없으며, 질풍노도의 태풍이 없다.

이렇게 풍요로운 천혜의 자연 속에서 생활했기 때문에 우리에게는 탐험 정신이 부족하였고 바다 건너 대양으로 진출하려는 개척 정신이 없었다. 대개는 바다를 잘 모르거나 대수롭지 않게 여기거나 또는 두려워하였다. 동해 바다 멀리 떨어져 있는 울릉도만 해도 풍랑이 일고 뱃길이 험하여 왕래가 쉽지 않았다. 심지어 사회적으로 문제를 일으키는 사람들이 울릉도로 도피하지 않을까 걱정하여 섬을 비워두는 공도 정책까지 폈던 것이다.

그러나 섬나라인 일본은 자연재해 속에서 불안한 삶을 이어왔다. 혹독한 지진과 화산의 공포 속에서 또는 무자비한 태풍의 위력에 압도당하면서 살아야 했다. 따라서 자연재해가 없는 안전한 땅에 대한 일본 사람들의 갈망은 본능적이라 할 수 있다.

역사 속에서 일본은 수시로 우리나라를 넘보며 침범을 시도했다. 조선 시대의 왜구 문제만 해도 심각하였는데, 그들은 동해 남부 해역에 수시로 침범하여 노략질을 했을 뿐 아니라 외진 해안에서 밭일을 하는 부녀자들을 납치해 가기도 했다는 사연이 동해 남부 해역의 어촌 마을에서 전해지고 있다.

임진왜란 때 일본이 우리나라 전체를 쑥대밭으로 만들다시피 하던 때에 천우신조로 이순신 같은 명장이 나라를 구해냈다. 그런데 이러한 치명적인 전쟁에도 불구하고 조정에서는 당파 싸움이 그치지 않았고 흰 것도 검다고 매도하고, 검은 것을 희다고 아귀다툼으로 우겨대는 당쟁에 몰두하였다.

누가 권력을 잡느냐에 따라 싸움에 이겨도 역적으로 몰았고, 나라의 명령을 따르지 않았다고 죄를 뒤집어씌우는 경우도 있었다. 임진왜란은 1592년에 시작하여 1598년 12월 16일 노량해전을 끝으로 약 7년간 계속되었다. 이순신 장군의 마지막 해전인 노량해전에서 이순신 장군은 적의 유탄을 맞아 운명한다.

그런데 역사학자의 뒷이야기에 따르면, 그의 안주머니에서는 아내의 편지가 발견되었고, 거기에는 "아직 부고가 오지 않았습니다"라고 쓰여 있었다고 한다. 이것은 대단히 충격적인 내용이 아닐 수 없다. 편지를 보낸 아내는 이순신 장군이 전장에서 죽어야 하는데 승리하고 개선장군으로 돌아왔을 때 반대파의 모함으로 역적으로 몰려 큰 곤욕을 당하고 결국에는 처형될 것으로 예견하고 이러한 글을 쓴 것이다. 이 어려운 전쟁의 순간에도 조정에서는 당파 싸움과 피비린내 나는 사화가 계속되고 있었던 것이다. 율곡 이이의 십만양병설처럼 국가를 보위하자는 올바른 식견은 묵살되었고, 임금은 전쟁 와중에 전전긍긍하며 피난하기에 급급하였다.

이러한 모습은 오늘날에도 쉽게 찾아볼 수 있으며, 끼리끼리 모여서 쓸 만한 사람, 즉 유능한 사람을 배척하는 일이 허다하다. 병폐는 어느 분야에서도 쉽게 찾아볼 수 있다. 유능한 인재가 국가적으로 책임 있는 자리에 기용되어야 하는데도 불구하고 지역적인 안배, 출신 대학교의 안배, 인맥이라는 안배로 적임자가 아닌 사람을 권력의 자리에 앉히는 일이 비일비재하다. 어느 선진국에서 그런 안배로 장관을 임명하는지 모르겠다.

이순신 장군의 "전방급 신물언아사(戰方急 愼勿言我死)", 즉 "전쟁터의 싸움이 급하니 내가 지금 죽었다고 말하지 말고 전진하며 싸움에 전력을 다하라"는 존경을 받아 마땅한 의연하고 훌륭한 애국심의 발로에서 나온 말이다.

우리 민족은 본질적으로 영리하고 순박하며 착하고 정이 많으며 인내력이 강한 민족이다. 웅녀처럼 견뎌내는 능력이 뛰어나다. 우리 민족의 덕목일 뿐만 아니라 재능이고 축복이다.

반면 우리에게는 공동체 의식과 상대방을 배려하는 마음이 부족하며, 자기가 태어난 지역주의에서 벗어나지 못하는 일이 허다하다. 나라를 창건한 이후 수많은 외침과 내홍에 시달려 왔기 때문인 듯하다.

지금도 국민은 정파 갈등으로 편한 날이 없다. 지도자급 정객들은 바른 사람을 만드는 풍토에 앞장서야 한다. 그럼에도 언론 매체들 앞에서는 원수처럼 으르렁거리다가 늦은 저녁 술집에서 나올 때는 어깨동무를 하고 합창까지 하는 것이 오늘날 정치판의 모습이다.

임진왜란과
도요토미 히데요시

대한민국과 일본은 자연 지리적으로 인접해 있으며, 인종적으로 비슷하고 문화적으로도 비슷해 보인다. 그러나 실제로는 다른 세상에서 다르게 살아가고 있다. 사무라이의 무사정신이나 가미가제 같은 결사특공대 정신 또는 극우파의 행동 등은 우리와 많이 다르다.

또한 양국은 역사적으로 애증이 섞여 짜인 직물 같은 관계를 지니고 있다. 왜구의 침범, 임진왜란, 조선말의 명성황후 시해 사건, 독도 문제 같은 역사적 사건들이 얽혀 있으며 그중에는 지금도 풀어나가야 하는 문제들이 있다.

일본의 3대 영걸로 오다 노부나가, 도쿠가와 이에야스, 도요토미 히데요시를 꼽는다. 이 3인은 같은 시대에 살았으며 조선과도 밀접한 관계가 있는 인물들이었다. 도요토미 히데요시는 임진왜란을 일으켜 조선 왕조를 7년 동안이나 괴롭혔고 백성을 도탄에 빠트렸다.

히데요시의 침략 야욕은 이미 오래전부터 감지되었으나 당파 싸움으로 국력이 분열된 조선 왕조는 무능으로 전쟁을 대비하지 못했다. 조선이 1587년 고흥 앞바다인 손죽도 전투에서 조총의 위력을 당해내지 못하고 전패하자 그들은 강진 앞바다의 선산도와 마진도 그리고 가락포진까지 휘젓고 다니다가 돌아갔다.

결정적으로 1592년 4월 14일, 임진왜란이 터졌다. 일본군은 전라도 쪽에 조선군이 집중적으로 포진하고 있는 것을 알고 부산포로 상륙하여 파죽지세로 조선 땅을 유린했다. 곳곳의 중요한 전투에서 조선의 민관군은 일본의 신무기 조총 앞에 전멸하다시피 했다. 무능했던 조선은 속수무책으로 나라를 유린당할 수밖에 없었다.

그로부터 300년 뒤에 나타난 이토 히로부미(이등박문)는 조선 왕조를 멸망시키고 일본으로 합병시킨 장본인이다. 일본에서는 이토 히로부미가 영웅으로 떠받들어지며 아직도 대단한 인기를 누리고 있다. 이때의 일본 침략으로 인해 우리는 오늘날까지도 남북이 갈리고 전쟁과 분단의 아픔을 감내하고 살아야 하는 통한 속에 있다.

서도 경관의 일면. 독도는 화산의 분출로 생성된 화산암으로 이루어져 있다. 서도는 동도와 달리 아직도 바윗덩어리의 모습을 하고 있다.

일제 강점기 시절

　　　　　　　　　　우리나라가 일본에게 혹독한 피해를 입은 시기는 1910-1945년의 식민지 시기였다. 1930년대 후반에 있었던 일을 하나 소개한다. 필자는 일제 강점기에 태어났지만 어렸기 때문에 그 당시의 생활상에 대한 기억은 없다. 그러나 일제 식민지 시절의 생활 모습이나 제2차 세계대전의 당시의 생활상과 분위기는 기억하고 있다. 당시는 일제의 폭압으로 나라 전체가 암울했고, 절망적으로 가난했던 시절이었다.

　일제 말기, 세계대전 직전의 시대에 필자의 어머니는 40대를 바라보면서 넷째 아들을 낳으셨다. 당시 한옥 대문 안쪽에 보관해 둔 자전거를 도난당했는데, 어느 날 갑자기 일본 순사들이 칼과 방망이를 차고 집으로 들이닥쳤다. 대문을 지나 마당에 들어선 순사는 어린아이를 안고 있는 어머니의 뺨을 후려치고 발로 차는 바람에 아이와 함께 마당에 쓰러지셨다고 한다. 그 일이 있고 나서 가슴이 두근거리고, 다리가 후들거려 어머니는 한동안 밖에 나가지도 못하고 잠을 자지 못하는 고통을 당하셨으며, 일본인 순사를 보기만 해도 경기를 하듯 놀라셨다는 이야기를 여러 번 하셨다.

그렇게 불문곡직 얻어맞은 이유는 시골에서 당시 청소년이었던 친척 형님이 서울에 와서 얹혀살면서 일어난 일이다. 그 형님은 수중에 한 푼도 없는 백수로 끼니만 얻어먹으며 서울 생활에 적응하려고 기회를 보고 있었다. 그러던 중 이 형님이 자전거를 가지고 나가 팔아 쓰려고 하다가 절도죄로 잡혔고, 자전거를 분실하면 파출소에 신고를 해야 하는데 신고를 하지 않았다고 해서 어머니가 무자비하게 폭행을 당했던 것이다. 일제의 폭정이 극에 달했던 시절에 일어난 일이었다.

다른 이야기를 하나 더 하기로 하자. 일제 말기에 20대 전후의 청년이었던 친형님 두 분은 강제로 징용당하는 것을 피하기 위하여 서울에서 진천으로 이사하여 잠적했지만, 그럼에도 어쩔 수 없이 강압에 의하여 전선으로 끌려 나갈 수밖에 없었다.

그 당시 전쟁에 나가서 살아 돌아온다는 것은 하늘의 별을 따는 것만큼이나 기대하기 힘든 일이었다. 따라서 집안은 초상집처럼 큰 슬픔에 잠겨 암담한 분위기였다.

형들이 강제 징용으로 끌려간 뒤로 어머니는 날마다 이른 새벽에 집에서 멀리 떨어진 성황당에 가서 아들들의 무사 귀환을 빌며 절을 하고 치성을 드렸다. 그리고 집으로 돌아오는 길목에 있는 고갯마루에서 해가 중천에 떠오르도록 행여나 아들들이 돌아올까 기다리다가 집으로 돌아오셨다. 다음 날에도, 또 그 다음 날에도 비가 오나 눈이 오나 하루도 거르는 날이 없이 몇 년 며칠인지도 모르게 이런 일을 계속하셨다고 한다.

지성이면 감천이라고 정말 하늘이 도왔는지 큰형님은 만신창이가 되어 숨이 끊어지기 직전의 위태로운 상태로 후송되었고, 둘째 형님은 러시아의 포로수용소에서 탈출하여 추위와 배고픔, 질병 등 형언할 수 없는 고통과 사투를 벌이면서 구사일생으로 돌아왔다.

당시 이와 같은 생환은 거의 기적에 가까운 일이었다. 러시아군의 포로 관리는 매우 혹독해서 밤에는 눕혀 놓고 누워있는 머리 위쪽으로 총을 쏘아서 머리를 들거나 다리를 조금도 올리지 못하게 했다고 한다. 포로수용소의 많은 포로들은 러시아 독감에 걸려 속절없이 죽었으며, 사는 것이 죽는 것만도 못할 정도의 가혹한 굶주림 속에서 생명을 이어나가야 했다고 한다.

이런 상황에서 형님은 천신만고 끝에 탈출에 성공하여 러시아군의 추격을 받으면서 도망을 쳤다. 그러던 중, 어느 벌판을 지나면서 중국인 농부를 만나게 되었다. 그는 추수 후에 쌓아 놓은 볏짚단 속에 숨어 있으면 러시아 군인을 피할 수 있다고 친절하게 숨겨 주더니 몇 푼의 보상금을 받아내려고 러시아 군인에게 밀고를 하려 했고, 형님은 이를 눈치채고 겨우 줄행랑을 쳤다고 한다. 형님은 이렇게 사경을 넘나들며 인간으로서 더 이상 처참할 수 없는 상황을 극복하고 피골이 상접한 몰골로 한반도를 종단하여 집으로 돌아왔다.

　남의 나라 전쟁에 이보다 더 극심한 고통을 받은 경우가 어디 있겠는가. 그 당시 우리나라의 많은 젊은이들이 동남아와 그 밖의 여러 전쟁터에서 이처럼 무참하게 희생되었다. 그리고 수많은 꽃다운 한국의 젊은 여성들이 '종군 위안부'라는 명칭으로 천추의 한을 남기는 참화를 당했다.

동쪽에서 서쪽으로 바라본 동도와 서도의 경관은 독도의 다양한 면모를 보여준다. 해발 100m가 되지 않는 동도이지만 선박으로 섬을 선회할 때 보이는 경관은 각종 시설물들과 함께 다채롭다.

관동(關東 : 간토) 대지진과 조선인 학살사건

가나가와현(顯) 사가미만(相模灣)을 진앙지로 1923년 9월 1일 11시 58분 32초에 대지진이 발생하였다. 이곳은 원래 지진이 자주 발생하는 지역으로, 1855년에도 대지진이 일어났던 곳이다.

일본 열도의 자연 속성이 환태평양 지진대에 속하여 지진 활동이 활발하며 지각의 변동이 심한 것이다. 따라서 수시로 크고 작은 지진이 발생하는 것은 당연하다. 이에 대한 피해를 항상 감수하면서 살아가는 나라가 바로 일본이다. 지진은 일본 사람들에게 일상생활과 밀접하게 접목되어 있는 자연현상이다. 그러나 때로는 그 강도가 심하여 대규모의 인명피해와 재산피해는 물론 자연의 변모까지 이뤄내는 재앙으로 이어진다.

관동 대지진이 일어나자 온통 혼란 속에 휩싸인 이곳에 일본 정부는 계엄령을 선포하고 치안을 유지하기 위하여 공문을 보냈는데, "재난을 틈타 이득을 취하려는 무리들이 있다. 조선인들이 방화, 폭탄 테러, 혹은 강도 행위를 획책하고 있으니 주의하라"는 내용이 포함되어 있었다. 여기에 조선인들이 폭도로 변하여 우물에 독을 풀고 방화와 약탈을 일삼으며 일본 사람을 공격하고 있다는 거짓 소문이 퍼지자 이곳의 일본인들은 특히 조선인과 중국인에게 적개심을 품게 되었다.

이 지역의 일본인들은 자경단을 조직하여 무작위로 불심검문을 하며 외국인에게 무차별 테러를 가했다. 조선인들이 일본 옷으로 변장을 했는지를 검색하기 위하여 일본 말을 시켜보고 발음이 조금만 이상해도 살해했다. 죽창, 몽둥이, 일본도로 무장한 이들은 조선인이면 가차없이 살해하였을 뿐만 아니라 중국인이나 다른 나라의 외국인들도 살해하였다. 일본 경찰들은 이런 무법천지의 살해사건을 묵인해주는 공범이 되었다.

이 대학살 사건으로 희생된 조선인은 대략 6천 명에서 6천6백 명으로 추산되고 있으나, 학살된 사람이 엄청나게 많아서 수만 명의 희생자가 나왔다는 주장도 있다. 이때는 우리나라가 일본의 식민지였기 때문에 조선인으로서의 억울함은 이루 말할 수 없었고 완전히 노예 취급을 당하던 시절이었다.

동도의 전경. 동도는 서도에 비하면 원만한 지형으로 접근이 용이하다. 동도에는 등대, 기상관측소, 경비대 초소, 주민 주거지, 관리사무소 등 여러 관리시설이 있다. 면적은 2만1천여 평이다.

3장

독립운동과 독도

올림픽으로 조명된 독도

독도와 샌프란시스코 조약

안중근 의사와 이토 히로부미

3.1운동 직후의 제암리 학살사건과 독도함

윤봉길 의사와 상해 독립운동

올림픽으로 조명된
독도

2020년 도쿄 올림픽 경기가 팬데믹으로 인하여 1년 늦은 2021년 7월 23일부터 8월 8일까지 무관중으로 개최되었다. 올림픽 사상 유례 없이 쓸쓸한 올림픽이었다. TV를 통해서 그 동안 갈고닦은 우수한 선수들의 기량을 생중계로 볼 수 있었던 것만 해도 다행이었다.

올림픽을 유치하려고 여러 나라가 큰 노력을 경주하고 투자를 하는 것이 국제적인 관례이다. 2020년 도쿄 올림픽은 코로나의 대유행으로 낭패를 면치 못하였다. 일본은 1964년에 도쿄 올림픽을 개최하고 경제강국을 이루어냈고 일류의 선진국 대열에 진입한 것을 회상하지 않을 수 없었을 것이다.

올림픽 경기의 숭고한 정신에도 불구하고 국가들 사이에 정략적으로 이용하는 것은 유감이 아닐 수 없다. 일본은 이러한 국제 행사에도 독도를 자기네 땅이라고 주장하면서 올림픽 홍보자료에 넣었으며 지도에도 명기하는 매우 몰염치한 행태를 보였다. 이는 명백히 잘못된 처사로 국가 간에 분쟁의 불씨를 지피는 일이다.

2018년 평창 동계올림픽 때에 우리나라는 한반도 지도에 당연히 표기해야 하는 독도를 넣지 않았다. 간단없이 독도 영유권을 주장해 온 일본의 트집을 국제 행사에서 되풀이하도록 만들 필요성이 없었기에 우리의 의연한 태도가 돋보이는 부분이었다.

독도 해역은 국제적으로나 정치, 경제, 사회적으로 민감한 곳이다. 동해는 한, 일, 미, 러, 프 등이 자유롭게 항해하는 국제적인 바다이며, 군사적으로 중요한 기능을 지니고 있다. 독도는 이러한 동해 남부 해역의 유일한 섬이다. 무엇보다도 독도는 워치 타워(watch tower)의 기능을 가지고 있다.

해양학적으로 동해는 심해이기도 하고 북쪽에서 흘러내리는 한류와 남쪽에서 북상하는 난류가 부딪혀 조경 어장을 이룸으로써 풍부한 어획량을 자랑하는 어장이다. 명태, 오징어, 청어, 정어리, 대게 등이 다량 어획되고 있다. 대륙붕으로 이루어진 대화퇴어장 같은 황금 어장도 있다. 또한 독도 해역에는 양질의 고체 에너지인 메탄 하이드레이트가 무려 6억 톤이나 매장되어 있다.

일본은 제1차 세계대전을 일으켰으며, 뒤이어서 제2차 세계대전까지 일으켜 온 세계를 피바다로 만든 전범국이다. 일본은 결국 전쟁에 패망함으로써 대가를 치르지 않을 수 없었다.

그러나 일본은 스탈린이 김일성을 앞장세워 민족상쟁의 6.25 전란을 일으켜 대한민국을 초토화시킬 때, 미국 등 유엔 참전국들의 전투물자와 식량을 조달함으로써, 조속한 경기회복을 이룰 수 있었다. 나아가 1964년에는 올림픽을 개최함으로써 일류국가로 도약하였다.

다시 말해 일본은 이웃나라의 전쟁과 올림픽 개최를 통해 경제 발전은 물론 국가 발전을 이룩한 나라이다. 한 가지 분명한 것은 이웃나라와 국제 사회의 천우신조한 도움은 차치하더라도, 국제 평화와 화합을 목표로 하는 올림픽 정신을 존중한다면 일본이 더 이상 독도 문제로 이웃나라를 괴롭히는 일이 있어서는 안 된다는 것이다.

독도와
샌프란시스코 조약

　　　　　　　　　1951년 제2차 세계대전 승전국인 미국은 패전국인 일본과 전후 처리를 위한 조약을 샌프란시스코에서 체결하게 된다. 이 조약의 내용은 일본은 한국의 독립을 인정하고 제주도, 거문도 및 울릉도를 비롯한 한국에 대한 모든 권리와 소유권 및 청구권을 포기한다는 것이었다.

　이 조약에는 독도와 대마도가 명시되지 않았는데, 독도는 1차 협상문안 중에는 포함되어 있었지만 일본의 끈질긴 로비활동으로 조약의 최종 문안에서 빠지게 되었다. 애석하게도 우리나라는 조약에 참여할 수 없는 상황이었고, 당시 미국은 독도가 향후 한일간의 커다란 갈등의 불씨가 될 줄 모르고 하찮은 무인도라고 생각하여 간과했던 것 같다.

　1948년 8월 15일에 대한민국 정부가 수립되면서 이승만 대통령은 일본에 대마도 반환을 요구했고 나아가서는 1952년 1월 18일에 평화선, 소위 이승만 라인을 선포하면서 독도를 포함한 해양주권을 전 세계에 선포했다. 거기에서 그치지 않고 1954년 8월 10일에는 독도 등대의 점화식을 거행하여 전 세계에 독도가 한국의 고유한 영토임을 알렸다. 이는 일본에 대한 타협의 여지가 전혀 없는 강경한 대응책이었다.

1950년 6월 25일 북한의 남침에 의해 남한은 누란지세의 위기에 처하게 되고 이 틈을 타서 일본 사람들은 독도 해역에서 어업 활동을 하며 독도를 점유하게 된다. 미군의 폭격 연습으로 희생된 한국인의 위령비와 '독도는 한국 땅'이라는 푯말이 일본 측에 의해서 철거되고, 독도는 일본 땅이라는 푯말을 세워놓았다.

이런 상황에서 1953년 4월 20일부터 독도 출신의 재향군인 33인이 독도수비대를 조직하고 홍순칠이 대표로 앞장서 울릉 경찰서에서 여러 종류의 총기류와 실탄 2만4천 발을 수수하여 일본인들을 독도 해역에서 몰아냈다. 이 때 이후로 지금까지 70여 년 동안 독도는 실효적인 한국 영토로 굳건히 수호되고 있다.

1998년 김대중 정부가 들어서 신한일어업협정이 체결되면서 독도 해역을 일본과 한국의 중간 수역으로 책정하게 된다. 이것이 오늘날에 여러 가지 사태를 야기한 기폭제가 된 셈이다.

안중근 의사와
이토 히로부미

　　　　　　　　근세 100여 년의 동북아시아의 역사적
인 인물로는 우리나라의 안중근과 일본의 이토 히로부미를 들고 있다.
이 두 사람은 동북아시아 역사에 커다란 영향력을 미쳤을 뿐만 아니라
세계사에서도 주목을 받은 인물들이다.

　이토 히로부미는 일본의 대륙 진출 야망을 이룩한 장본인으로서 일본인들에게 꿈을 실현시켜 준 인물이다. 그래서 일본인들은 아직도 그를 추앙하고 있으며 국민 인기투표에서 97%를 기록할 정도로 인기를 누리고 있다.

　일본이 자연재해가 없는 한반도 찬탈을 얼마나 갈망하였는지를 단적으로 보여주는 예이다. 이러한 기류는 아직도 일본이 '독도는 일본 땅'이라며 끊임없이 욕심을 표출하는 것으로도 알 수 있다.

안중근은 우리 민족의 앞길을 밝힌 영웅 중의 영웅이다. 안중근은 해주에서 죽산 안씨의 양반 가문에서 태어났으며 문무에 출중한 인물이었다. 1909년 하얼빈 역에서 대륙 침략의 원흉인 이토 히로부미를 저격하여 현장에서 숨지게 하였다. 이 사건은 조선이 일본의 속국으로 식민 지배를 받고 있다는 사실을 전 세계에 알리는 계기가 되었다.

일제의 강압으로 위축되고 혼란에 휩싸인 채 바람 앞의 촛불처럼 꺼져가는 민족의 운명을 독립운동의 불씨로 살아나게 한 영웅이 바로 안중근이다. 그의 늠름하고 의연한 모습과 애국심은 세대를 넘어서 전폭적인 존경을 받고 있다.

현장에서 체포된 안중근 의사의 의연한 일거수일투족과 옥중생활의 당당한 모습은 모든 사람들의 존경을 자아내기에 부족함이 없었다. 그가 남긴 명언은 세월이 흘러가도 생생하게 가슴에 남는다. 황금백만량불여일교자(黃金百萬兩不如一敎子 : 황금 백만양도 자식 하나 가르침만 못하다), 일일불독서구중생형극(一日不讀書口中生荊棘 : 하루라도 글을 읽지 않으면 입안에 가시가 생긴다) 등의 말들이 그의 영웅적인 풍모를 보여준다.

3.1운동 직후의
제암리 학살사건과 독도함

일제의 식민지 시대에 경기도 화성군 제암리의 교인들을 무자비하게 학살한 사건을 보면, 일본의 군국주의가 얼마나 잔인하였는가를 알 수 있다.

1905년 을사늑약에 이어서 1910년 8월 22일 일본 육군대신 데라우치와 조선의 총리대신 이완용은 한일병합조인서에 서명을 한다. 그리고 1910년 8월 29일, 조선 왕조의 사직이 한일병합조약으로 역사의 뒤안길로 사라졌다. 이와 동시에 일본의 3대 군벌 중의 하나였던 데라우치가 초대 통감으로 우리나라에 부임한다.

이러한 역사적 사실은 1392년 7월 태조 이성계가 창건한 조선 왕조가 27대 순종 황제의 통치기간 3년을 마지막으로, 조선 왕조의 연한 518년 만에 완전히 막을 내린 것을 의미한다. 참으로 비통한 역사의 한 장면이다.

  이로 인하여 35년 동안 일제의 가혹한 압제 속에 우리 민족은 압살되어 가고 있었다. 1919년 3월 1일 기미독립운동이 전개되었고, 이에 대한 대응으로 일본은 1919년 4월 15일 경기도 화성시 향남읍에 있는 제암리 교회 안에 독립운동에 참여한 주민 23인을 가두고 문에 못질을 한 다음에 방화하여 학살하였다. 당시 제암리에는 순흥 안(安)씨가 집성촌을 이루고 있었는데 23명의 학살자 중에 15명이 순흥 안씨였다. 이때에 교회당의 안에서 탈주하려던 사람들을 칼로 찌르고 총으로 쏘아 죽여 일본의 군국주의가 저지른 만행이 어땠는지 여실하게 보여준다. 이러한 만행은 역사에 남는 참혹한 가해사건이다. 당시에 시장거리 또는 길에서도 양민이 살해되어 모두 37명이 희생되었다.

  1945년 8월 15일 일본이 제2차 세계대전에서 무조건 항복을 함으로써 우리나라는 광복의 기쁨을 맞이했다. 그러나 당시 우리나라는 국토를 방위할 힘이 부족했고 국력이 없었기 때문에 주변 정세에 의해 남과 북으로 갈라져 현재까지도 비극의 분단국으로 남아 있게 되었다.

  일본은 끈질긴 집념으로 다각적인 방법을 동원하여 독도 영유권을 주장해 왔다. 터무니없는 탐욕에서 나온 그들의 망발을 통렬하게 규탄하지 않을 수 없다. 일본의 이러한 태도에 맞서 국토방위를 굳건히 하기 위해서, 우리는 2007년 7월 3일 독도 해역에 아시아 최대의 상륙함인 독도함을 취역했다.

  독도함은 14,000톤급이며, 길이는 199m, 폭은 31m로서 만재시의 배수량은 18,800톤이다. 최대속력은 43km이고 승조원은 300여 명이며 헬기, 전차, 돌격용 장갑차 등을 탑재하고 있다. 독도함은 700여 명의 대대급 병력과 장비를 수송하여 상륙시킬 수 있는 대형 함정으로서 국방에 크게 기여하고 있다.

  전쟁과 같은 비극은 지양해야 하나 나라의 방어를 위해 총을 들고 철통같은 수비를 하는 것은 애국이다. 애국은 무엇보다도 우선 나라를 지키고 국토를 수호하는 것이고, 다음으로는 국력의 신장에 기여하는 것이다.

  일본이 독도에 대하여 부단히 제기하는 영유권 문제는 해양과학을 통해서 효율적으로 해소하는 방안을 모색하는 것이 바람직하다. 독도와 인접 연근해를 조사하고 연구하여 대외적으로 학문적 실적을 쌓아가는 것도 국토를 지키는 긴요한 국토 수호의 한 방법이라고 하겠다.

윤봉길 의사와
상해 독립운동

　　　　　　　　　일본은 조선을 점령하고 거침없이 중국 대륙을 침략하며 전투마다 승리를 하는 전승 행렬을 이어가고 있었다. 이를 자축하기 위하여 상해의 홍커우 공원에서 대대적인 전승 기념 행사를 펼치려고 했다.

　1932년 4월 29일 약관 24세의 윤봉길은 임시정부의 총리인 김구 선생과 아침식사를 함께하며 시계를 바꿔 낀 뒤 기념 행사장인 홍커우 공원으로 간다. 행사가 이미 시작되어 전승을 자축하고 있었다. 순간 윤봉길이 수많은 인파를 헤치고 단상에 폭탄을 투척함으로써 행사에 참여한 최고위급 장성과 관료들을 살해하였고 이로써 일본의 전승 행렬에 치명적인 타격을 입혔다.

　이 사건 또한 조선 독립운동의 일환으로 전 세계의 이목을 집중시킨

거사였으며, 윤봉길 의사의 애국정신을 통해 조선인의 독립에 대한 열망이 얼마나 크고 절절한가를 보인 표상이라고 하겠다.

당시 장개석 총통은 100만 대군을 거느린 중국의 지도자였지만, 이 사건을 보고 크게 감탄하였다고 한다. 그의 군사는 수는 많았지만 무력하였기에 윤봉길 같이 용맹한 군사가 자기 수하에 한 명도 없음을 개탄하였던 것이다.

그 당시 김구 선생은 상해 임시정부를 수립하고 장개석 총통을 만나려고 백방으로 노력하였으나 만나기 어려웠다. 하지만 이 사건으로 크게 감명을 받은 장개석 총통은 김구 임시정부 수반을 만났으며 조선의 독립운동을 적극 지지하게 된다.

난징(남경) 대학살은 일본이 중일전쟁 당시인 1937년 12월 13일부터 1938년 2월까지 6주 동안 당시 수도였던 난징을 점령하고 중국인을 무차별 학살하여 희생자의 수효가 30여만 명에 이르는, 히틀러가 자행한 홀로코스트에 버금가는 대학살이었다.

또한 1939년 4월에는 1644부대가 신설되어 생체실험까지 자행하였다. 일본의 난징 대학살은 시체가 인산인해를 이루었다고 한다. 일본 군인은 여성을 무차별적으로 집단 윤간하며 선간 후살하였다. 심심해지면 중국인을 죽이는 것으로 무료함을 달랬다는 전후의 재판 증언도 나왔다.

제2차 세계대전 뒤에 중국에서는 일본인으로부터 수많은 학살을 당하고 도륙된 것에 대한 보복으로 중국 내의 일본인들을 무작위로 살해하기 시작하여 2만여 명 이상의 일본인들을 희생시켰다. 또한 만주에 있던 일본인들이 약 1만2천여 명이 살해되는 참혹한 보복행위가 일어나기도 하였다.

이때에 중국의 장개석은 담화문을 발표하여 악순환의 꼬리를 끊자고 하면서 일본인들을 무사히 돌아가도록 하였다. 참으로 대단한 결단이 아닐 수 없었다. 하지만 당시에 우리나라에서는 일본 사람들에게 대한 보복행위가 거의 없었으며, 다만 울산의 한 일본인이 살해되었던 것을 추후에 일본이 제소하면서 알려지게 되었을 뿐이다.

식민통치나 다른 나라에 대한 영토 점령이나 전쟁이란 것이 인류 역사에서 얼마나 가혹한 범죄행위인가를 역력히 보여주는 한 사례라고 하겠다.

멀리서 보는 서도의 원경은 보는 각도에 따라서 다양하다.

4장

바다 넘어 고통의 시대

센카쿠열도와 중·일 갈등

오키나와의 역사와 미국의 군사 기지

군함도의 강제 노동

종군 위안부의 고통

우키시마호의 참사사건

크림반도의 얄타회담

베를린 근교의 포츠담회담

센카쿠열도와
중·일 갈등

　　　　　　　　　　　　일본은 청일전쟁에서 승리하고 1895년 조어도, 즉 센카쿠열도를 중국에서 일본 영토로 편입하였다. 센카쿠열도는 오키나와와 대만 사이에 위치한 무인도로 중국과는 거리상으로 멀다고 할 수 있다. 현재 오키나와 섬도 과거에는 유구왕국이었으나 일본으로 편입된 열도이다.

　중국 주석 덩샤오핑과 일본 사이에 중·일 평화협정이 이루어질 때 센카쿠 열도는 후세들이 현명한 판단으로 처리하기로 합의하여 협상 대상에서 제외시켰다. 그런데 중국의 국방력이 강력해지고 경제대국으로 발전하면서 센카쿠열도에 중국의 시위단체들이 입도하여 전쟁 상태를 방불케 하는 대치 상황까지 이른 적이 있다.

　군사적인 면에서 중국의 국방비는 일본 자위대의 2배 이상일 뿐만 아니라 군사력이 월등히 우위에 있다. 그렇지만 일본은 최신예 무기를 가지고 있으며 미국과 연합하고 있다.

2012년 8월 12일 홍콩의 과격단체가 센카쿠열도에 상륙하여 중국의 깃발을 들었으나 일본은 이들을 즉시 되돌려보내는 외교적 유연성을 보였다. 상하이에서 1천여 척의 어선이 센카쿠열도로 진입하여 시위를 벌이고 있었을 뿐만 아니라, 일본과 중국의 군사력이 극명하게 대치한 상황이었다. 따라서 일본의 센카쿠열도에 대한 지배는 실효성이 희석되어가고 있다.

이러한 현실에서 일본이 독도에 대하여 어떠한 망동을 벌일지는 유추하기 어렵지만, 우리나라 정부가 국제 사법 재판소에 제소하기를 강력하게 바라고 있는 것이다. 또한 그들은 우익단체들의 시위에 적극 지원하는 분위기를 조성하고 있다.

이것은 동북아의 영토전쟁을 부추겨 평화를 깨트리려는 행위이다. 더욱이 한·중·일 삼국 중에 우리나라는 남북이 분단되어 있고 경제력에서 열세에 있기 때문에 더욱 극악하게 독도 영유권을 주장하고 있는 것 같다.

다른 한편으로 제2차 세계대전의 패전국이 된 일본은 러시아에게 홋카이도에 인접한 북방 4개 섬을 러시아에 할양하였고, 최근에 반환을 요구하고 있지만 별다른 조치가 취해지지 않고 있다. 이로 미루어 볼 때 일본은 우리나라를 실력으로 압도한다는 착각 속에 있는 듯하다.

오키나와의 역사와 미국의 군사 기지

오키나와는 중국과 거리가 가까워서 종주국의 관계를 맺고 있었으나 1429년부터 1879년까지 450년 동안 류큐 왕국으로 독립적인 국가를 유지하고 있었다. 메이지유신 이후에 사무라이들은 이곳을 침입하여 일본으로 통합시켰다.

일본이 태평양 전쟁을 일으키면서 오키나와 사람들을 징병하여 큰 피해를 입혀서 이곳 사람들은 일본에 대해 호감을 갖지 못하고 있으며 때로는 독립운동을 하려는 기류까지 있다.

태평양 전쟁 당시 1945년 4-6월까지 3개월 동안 철의 폭풍이라는 대규모 폭격으로 오키나와는 폐허가 되었고, 당시의 인구의 3분의 1인 15만 명이 죽음과 동시에 유적지도 완전히 파괴되었다.

오키나와는 일본이지만 완전히 일본의 기질과 합치하지 않으며 이국적인 분위기를 지니고 있다. 특히 미국의 영향력이 큰 곳이어서 미국과 일본의 문화가 접목되어 있다.

태평양 전쟁 이후 미국이 오키나와를 점령하여 27년 동안 통치하다가 1972년에 오키나와의 세 곳에 미군기지를 영구적으로 갖는 조건으로 일본에 반환하였다. 이 세 곳은 가데나, 후덴마, 이에지마 지역이다. 이 세 곳은 자체적인 비행장을 갖추고 있으며 3-5만여 명의 미군이 주둔하고 있으나 두 곳은 공개되지 않고 있다.

가데나는 아메리칸 빌리지 쪽에 위치하며 일본과의 교류가 원활한 곳이다. 후덴마는 미군의 주력부대가 상주하고 있는 곳이며 미사일부대 등 공개되지 않은 숲속의 진영이다. 이에지마 지역 또한 공개되지 않고 있다.

오키나와의 나하 시에는 국제거리라는 곳이 있는데 "기적의 1마일"이라고도 부르는 오키나와 최대의 번화가이다. 주로 식당이 주종을 이루고 있는데 밤거리의 불빛도 화려하다.

오키나와에는 류큐 왕조의 유산을 하나하나 재생 복원하려는 노력이 일고 있다. 이곳은 일반인에게는 류큐 왕조에 대한 역사 탐방지로, 학생들에게는 수학여행지로 사람들의 발길을 끌고 있다. 서점에는 류큐 왕조 시대의 토속어 사전과 풍습, 자연 등에 관한 책들이 비치되어 있다.

이러한 기류 속에 오키나와의 관광객의 수는 연간 900만 명이나 되며 한국인 관광객도 적지 않다. 그러나 이곳 관광객의 95% 정도는 일본 본토의 내국인이라고 한다. 오키나와는 우리나라에서 700-800km 떨어진 곳에 있지만, 중국과는 비교적 가까운 거리에 있으며 대만과는 더욱 인접해 있다.

13세기 초반에 칭기즈칸이 11개의 부족을 통일해서 몽골고원을 평정하자 이어서 고려를 침입하였다. 고려는 강화도로 천도하면서까지 저항을 했지만 결국 몽골에 굴복하게 되었다. 이런 과정에서 고려의 정예부대인 삼별초는 몽고의 군병에 극렬하게 항전을 했다.

1270년(원종 11년) 6월 1일에 삼별초에게 해산 명령을 내렸지만 배중손 장군은 이를 어기고 항쟁을 계속 이어 나갔다. 강화도, 진도, 제주도에서 3년 동안 극렬하게 저항하였으나 1273년 6월 제주도 항전에서 김통정 장군이 패하면서 삼별초는 역사에서 사라지게 된다. 삼별초 항전은 고려의 조정이 대몽강화를 하자, 이에 반발하여 반란을 일으켰던 군대가 장렬하게 혈투를 벌이다가 패멸한 역사적 사건이었다.

이렇게 패망한 삼별초군의 잔당과 이를 따르는 민중이 오키나와로 이주하여 오키나와의 문화를 일으킨 흔적을 찾아 볼 수 있다. 그 증거로 슈리성에서 15세기에 세워진 오키나와 최초의 류큐 왕국에서 출토된 기와가 있는데, 1213년, 1273년, 1333년, 1393년에 만들어진 고려의 기와들이다. 삼별초군이 오키나와에 들어가기 전까지 류큐에는 문화랄 것이 거의 없었는데, 고려인이 고급스러운 문화를 전한 것이다. 이곳의 가옥들은 제주도의 재래가옥과 같으며 화장실에 돼지를 키우는 것까지 같다. 또한 돼지고기를 먹는 식성이나 방법도 같은 것을 볼 때에 삼별초군이 1233년에 여몽연합군에 의해서 전멸되었다지만 일부는 류큐 왕국의 오키나와로 간 것으로 보인다.

군함도의 강제 노동

　　　　　　　　　군함도의 면적은 축구장 2개 정도이며 마치 거대한 군함 모양을 하고 있다고 하여 명명된 작은 도서이다. 이 섬은 나가사키에서 18km 떨어져 있는 끝섬(瑞島 : 하시마 섬)으로 불렸는데, 1897년에서 1931년까지 6차례에 걸쳐서 매립 확장하면서 길이 120m를 늘려서 섬의 총 길이가 480m, 폭 160m, 둘레 1.2km, 방파제 높이 10m의 섬이 되었다.

　이 섬에서는 노천 석탄이 발견되어 석탄 광산들이 들어섰다. 이 섬에 사는 주민들은 어업을 하는 동시에 1817년부터는 양질의 석탄을 생산해서 제철소와 선박의 연료로 사용하였다. 87년 동안 채탄하여 수직으로 300m 해저까지 탄을 캐다가 1974년에 폐광하였다.

　이 섬에서 2.5km 떨어진 곳에 다카시마(高島)가 위치하고 있다. 이곳도 역시 양질의 석탄이 채굴되었다. 이 섬에는 1만8천여 명의 거주자가 있었으며 하시마 섬과 다카시마 섬에는 채탄작업에 강제 동원된 한국인 노동자가 4만 여 명 있었다.

여기에서 노역하는 조선인은 해저 300m의 탄광의 엄청나게 열악한 환경에서 강제 노동에 시달렸으며, 강압적인 핍박에 노예생활을 하였다. 죽는 사람도 부지기수였다. 더욱 조선인 122명이 떼죽음을 당하는 사건도 있었다.

미쓰비시는 일본의 군비 기업체로 1916년에 군함도에 최초로 4층의 콘크리트 아파트를 건설하였고 그 후로 층수를 늘려서 10층으로까지 증축하였다. 그리고 이곳에 유치원과 중학교를 세웠고 기숙사, 체육관, 수영장을 건설하였으며 병원, 이발소 등의 문화시설도 갖추었다.

일본은 이러한 시설을 2015년 유네스코 세계문화유산으로 등록하였는데 한국인의 엄청난 피해와 노역에 대해서는 조금도 언급하지 않아 왜곡된 역사의 증거물을 가지고 일본을 홍보하는 장소로 둔갑을 하게 되었다.

최근 일본은 또 다시 사도 섬에 있는 금속광산을 유네스코 세계문화유산에 등재하려고 애를 쓴다. 이곳 역시 일제 말 2천여 명의 조선인이 무자비하게 강제노역을 당한 현장이다. 그 뿐 아니라 조선인의 강제노역 사실이 있던 시대조차도 생략하면서 유네스코에 신청서를 내고 있다. 역사 왜곡이 아닐 수 없다.

일제 식민지 시대에 동원되었던 조선인은 마치 영화 벤허에 등장하

독도의 주상절리. 독도를 이루고 있는 암석으로 주로 서도에서 보면 주상절리의 진면모를 볼 수 있다. 용암이 분출하여 층층이 쌓인 형상은 마치 켜켜이 쌓인 시루떡을 연상케 한다.

는 비참한 노예들을 연상하게 한다. 정복자들이 피정복자들에게 무소불위하게 악행을 하는 천인공노할 만행을 저질렀다. 목불인견의 현장이 바로 군함도의 탄광이었다.

종군 위안부의
고통

　　　　　　　　　인간이 저지를 수 있는 가장 악한 죄악
은 무고한 생명을 죽이고 인권을 유린하며 극한의 기아와 아픔과 고통
을 안겨주며 갖은 질병과 상처에서 헤어 날 수 없게 하는 전쟁이다. 전
쟁은 이렇게 인간이 견디기 힘든 최악의 고통을 주지만 지구상에 인간
이 생겨나고 지금까지 전쟁이 없었던 때는 거의 없었다. 인류 역사상
가장 포악한 대학살 중 나치 정권이 유태인을 대량 학살한 것이나 폴
포트가 공산 혁명으로 같은 민족을 대량 학살한 것, 스탈린이 전쟁을
통해 엄청난 사람을 죽이게 한 행위는 어떠한 구실로도 용서받지 못할
범죄 행위라 할 수 있겠다. 이렇게 볼 때 전쟁을 일으키는 전범자는 가
히 악의 화신이라고 할 수 있을 것이다.

　　조선의 지배권을 다투었던 청일전쟁에서 1895년 승리한 일본은 러시아가 조선과 밀착하려는 것을 빌미로 다시 러시아와 전쟁을 벌여 승리하였다. 그 결과 조선은 1910년 완전히 일본의 식민지가 되었고, 일본의 군국주의는 날로 강화되었다.

일본은 조선을 희생물로 삼아서 전쟁으로 벌일 수 있는 모든 만행을 저질렀다. 전쟁물자 조달을 위해 공출이라는 명목 아래 전국 방방곡곡에서 필요한 모든 물자를 강탈해 갔다. 예를 들어 병기를 만드는 데에 사용되는 놋쇠를 조달하기 위해 놋쇠 밥그릇과 수저까지 싹쓸이로 거두어 갔다. 물자뿐만 아니라 조선의 젊은이들을 전쟁터의 총알받이로 내몰았으며, 여성들을 정신대라는 이름으로 처녀 공출하듯 성노예로 삼았다. 심지어 만 14세 이하의 아이들까지도 데리고 갔다.

그중 꽃다운 젊은 여성들을 위안부로 강압한 것은 천인공로할 일이 아닐 수 없다. 그럼에도 일본은 젊은 여성들이 굶주림에서 벗어나기 위해 자진하여 매춘 행위를 한 것으로 호도하고 있다.

일본은 1931년에 만주사변을 일으켰으며, 1937년에는 중일전쟁을 일으켜서 대륙침략을 본격화했다. 같은 해 말에 일본군은 중국의 난징을 점령하면서 민간인을 대량 학살하였고 여성들을 무차별 강간했다. 이 난징 학살 사건이 국제적인 여론을 악화시키자 군인들의 사기를 진작하고 강간과 성병 확산을 막는 것이 시급하다며 군 위안소를 설립하고 조선의 여성들을 대량으로 징집하였다. 그리고 1941년에는 미국의 하와이를 기습 공격하여 태평양 전쟁을 일으켰다.

일본은 일본군 병력이 주둔하는 여러 곳의 전쟁터, 즉 동남아시아의 여러 곳과 만주 일대에 위안소를 설치하여 조선 여성들을 일본 군인들의 성노예로 살도록 강압하였다. 이들은 낮에는 사병들을 상대했고, 저녁에는 하사관들의 노리개였으며, 밤에는 장교들의 성 접대를 하게 했다. 일본이 관련 문건을 모두 소각하여 위안부의 수는 정확히 알 수 없지만, 일본 군인 40명 당 한 명, 또는 100명 당 한 명이었다는 설이 있다. 대략 이러한 기준으로 보면 징발된 종군 위안부는 20만 명에서 28만 명에 이를 것으로 추산된다.

일본이 패전하자 동남아 각지에 있던 종군 위안부는 대부분 생명을 부지하지 못하고 희생되었으며 귀국하기에 너무 부끄러워서 귀국조차 하지 못한 여성도 있었다.

1965년 한일협정 때에는 위안부에 대해 논의되지 않았다. 협정 당시 이러한 사안을 몰랐기 때문이었다. 1991년 8월 14일 위안부 김학순 씨가 "내가 위안부였다"고 발설함으로써 위안부 문제가 제기되었다.

이후 위안부 할머니들이 일본 대사관 앞에서 수요일마다 집회를 가진 것이 2019년 8월 15일로 1400회가 되었다. 이러한 세월의 흐름 속에 할머니들은 해를 거듭할수록 수가 줄어들어 2023년 5월 현재 생존해 있는 종군 위안부는 9명 뿐이다.

현재 우리 정부가 가지고 있는 위안부 관련 자료는 8만2천여 건이라고 하지만 정리되어 있지는 않다고 한다. 그리스는 제2차 세계대전으로 독일로부터 받은 피해가 300조가 넘는다고 한다. 자료도 무려 30만

건이나 되며, 지금도 배상을 요구하고 있다. 전쟁의 후유증은 어디에서나 아물지 않는 악성종양처럼 남아있게 마련이다.

우키시마호의 참사사건

　　　　　　　일본이 제2차 세계대전에서 패망하면서 우리 민족은 지긋지긋하던 일제의 압박에서 벗어나 해방을 맞게 되었다. 꿈에도 그리던 대한 독립이었다.

　우리 민족은 강제징용 또는 강제노역으로 동원되어 세계 도처로 끌려갔다가 살아남은 사람들은 환호 속에서 귀국을 눈앞에 두고 있었다. 이국 만리타향에서 강압으로 노예처럼 살 수 밖에 없던 사람들이었고 따라서 해방이란 이들의 가슴에 차오르는 환호이며 희망이었다. 그러나 기다리던 해방은 독립국가로서의 준비가 되지 않은 상태에서 이루어졌으며 독립정부가 들어서기까지 미군정의 통치 기간을 거쳐야만 했다.

　일본이 무조건 항복을 선언한 뒤인 1945년 8월 22일, 우키시마호는 조선인 강제 징용자 8천여 명을 태우고 아오모리 현 오미나토 항을 출발하여 부산에 도착할 예정이었다. 그러나 이 해군 수송선(4,740톤) 우키시마호는 8월 24일 오후 5시 20분에 교토 부 마이즈루 항에 기항하려던 중에 폭발하여 침몰한다.

일본이 고의적으로 항로를 바꿔서 마이즈루 항에 기항하면서 폭파했다는 설과 미국이 부설한 기뢰에 의해 우발적으로 침몰했다는 설이 있는데 사고의 진상 조사를 하지 않아 정확한 원인이 밝혀지지 않았다.

일본이 발표한 공식 자료에 따르면 조선인 징용자 3,725명과 군함의 승무원 255명이 승선하고 있었는데 조선인 524명, 승무원 25명이 사망하여 총 549명의 인명피해가 났으며 수천 명이 실종되었다고 한다.

우리나라의 학자들은 승선 인원이 8천여 명이며 사망자는 5천 명이 넘는다고 주장하고 있다. 아직까지 이 사건에 대한 철저한 진상조사가 이뤄지지 않고 있으며, 일본 정부의 사과나 배상이 전혀 이뤄지지 않은 상태이다. 이것은 우리 민족의 비련의 역사의 한 장이기도 하다.

우키시마호 참사의 유족이 1992년에 일본 법원에 배상 청구소송을 하였으나, 2003년에 오사카 고등재판소에서 원고 패소 판결을 했다. 유족들은 2012년 8월 24일부터 매년 부산에서 희생자 위령제를 지내고 있다.

전쟁에서 무조건 항복을 하고 패망한 일본이 군국주의의 탈을 벗지 못하고 저지른 사건이라고 하겠다. 6.25 전쟁 당시 미군의 흥남 철수 작전은 한국군과 미군 10만 명, 차량 1만7천 대, 군수품 35만 톤을 동해상으로 안전하게 철수시키는 데 성공하였을 뿐만 아니라 특히 피난민 10만 명을 철수시키는 인도주의적 구출 작전이었다. 이 작전은 1950년 12월 15일에서 24일까지 열흘 동안 이루어졌다. 인본주의의 중요함을 역사에 길이 남긴 작전이었다. 미국의 투르만 대통령은 1950년 12월의 가장 좋은 크리스마스 선물이었다고 술회하고 있다.

크림반도의 얄타회담

흑해의 크림반도에 있는 얄타에서 1945년 2월 4일부터 11일까지 8일간 미국의 루즈벨트, 영국의 처칠, 소련의 스탈린이 모여서 제2차 세계대전 이후에 있을 전후 처리 문제를 논의하였다. 러시아의 흑해에 있는 얄타는 휴양지로 잘 알려진 해안이다.

이 회담에서 2월 8일 오후 3시 30분부터 스탈린이 루즈벨트를 만나 한국에 대한 전후 처리를 이야기하였다. 이전 회담인 테헤란회담에서는 한국이 독자적인 독립을 할 능력이 없으므로 신탁통치를 20-30년 동안 해야 한다는 논의가 있었으나 여기서는 신탁통치기간이 짧을수록 좋겠다는 의견을 스탈린이 내놓았다.

이때에 한국을 38선으로 분단하겠다는 논의는 전혀 없었으나 전후 한국에 대한 입장이 정확히 정리되지 않은 것이 오히려 분단을 초래하는 단초가 되었다.

　미국의 루즈벨트 대통령은 20세기 초, 일본이 한국을 점령했을 때에 한국은 스스로 자기나라를 지키기에는 너무 약했고 어떠한 법이나 협정을 가지고도 이 나라가 더 강한 이웃국가에 병합되는 것을 막을 수가 없었다고 말했다.

　그 당시 루즈벨트의 말은 우리에게는 참으로 안타깝고 통탄스러운 제3자의 한국관을 보여주었다. 나라 없고 힘없는 민족은 참으로 힘들 수밖에 없던 세월이었음을 반추할 수 있는 대목이다.

　국가 지도자는 국력을 강건하게 하고 백성이 안거낙업하며 평화롭게 살게 하는 책무를 지는 것인데 하물며 고종은 한일병합조약을 대신들에게 위임하고 무엇을 했는가?

　불과 70-80년 지난 현재의 한국을 루즈벨트 대통령이 본다면 경천동지할 것이다. 그렇게 당당했던 서구의 열강들이라 해도 코로나 바이러스로 인한 팬데믹 앞에서는 속수무책으로 국민들이 죽어가는 무력함을 보여주고 있다. 최첨단 의학기술과 의료진의 봉사정신으로 코로나에 대처하는 한국의 상황에 충격을 받지 않겠는가.

독도 해역의 바다자연. 독도 주변 해역은 작은 바윗덩어리 섬들과 물속에 잠겨있는 암초들이 모여서 독도의 도서 군을 이루고 있다. 독도 해역에는 대소의 작은 섬 36개와 암초 56개가 있다.

베를린 근교의 포츠담회담

포츠담은 베를린 시를 둘러싸고 있는 브란덴부르크주의 행정도시이다. 인구는 약 17만 명 정도이며 인구밀도는 km²당 900명이며 시의 면적은 187km²이다. 이 도시는 1685년 네덜란드와 프랑스의 위그노(청교도)들이 이주하여 형성된 도시이기도 하다. 대단히 조용하고 평화로우며 부유한 도시이다.

포츠담에서 제2차 세계대전의 3국 영수회담이 열려서 1945년 7월 17일부터 8월2일까지 2주간에 걸쳐서 전후 처리 문제를 논의했다. 미국의 투르만, 영국의 처칠, 러시아의 스탈린이 체칠리엔호프 궁전에서 회담을 개최한 역사적인 장소이기도 하며, 전쟁에서 승리한 장수들의 기세등등하고 거드름을 피우는 표정들을 소장하고 있는 기념관이기도 하다.

독일은 이미 연합국에게 무조건 항복을 하였으나 일본은 항복하지

독도의 접안 시설. 동도와 서도 사이의 방파제와 선착장. 독도는 육지에서 멀리 떨어져 있어 해양 세력이 강하며 높은 파도가 끊임없이 연안의 방파제로 몰려와 선박의 접안이 쉽지 않다. 따라서 파도가 잔잔하고 바다 날씨가 화창할 때에만 배를 접안 할 수 있다.

않고 저항하자 8월 6일에 히로시마에 원자폭탄이 투하되었으며 8월 9일에 나가사키에 원자폭탄이 투하되었다.

결국 일본 천왕 쇼와는 8월 15일 12시에 무조건 항복 선언을 하였다. 그리고 9월 2일에 요코하마에 정박하고 있던 미주리 전함 위에서 일본의 시게미쓰 마모루 외무대신이 정식으로 항복 문서에 서명하면서 제2차 세계대전이 마무리되었다.

독일의 분할 통치 과정에서 동독 정권이 수립되면서 포츠담은 동독 치하의 도시가 되었다. 제2차 세계대전의 전후 처리와 모든 진행 과정은 동서 냉전의 시작과 함께 지구상의 지도를 바꾸는 엄청난 파장을 가져왔다. 어쨌든 포츠담회담에서는 한국의 독립에 대해 전혀 언급되지 않았다고 한다.

3부

독도의 중요성과 국제적 위상

1장

독도의 자연경관

독도의 아름다운 자연경관과 다양한 생태계
독도 육상의 자연경관
독도의 식생
독도와 다케시마의 날

독도의 아름다운 자연경관과 다양한 생태계

해양 생태계를 넓은 의미에서 살펴보는 것은 재미있다. 지구는 무한 광대한 우주 속에 떠도는 지극히 작은 별에 불과하다. 다시 말해서 우주 공간적으로 지구는 존재 자체가 아주 미미하다. 그러나 이 조그만 별 속에는 넓고 넓은 바다가 존재하고, 그 속에는 수많은 생물들이 살아가는 생명의 공간이다. 지구에서 바다는 생명의 기원지이며 생물이 입체적으로 분포되어 있는 공간이다. 바다는 수직적, 수평적으로 커다란 차이가 있는 환경을 이루고 독특한 성격을 나타내고 있다.

독도 해역은 세계적으로 아주 독특한 지질 유적지로 알려져 있다. 이 해역의 수중은 수려한 심해의 자연을 이루고 있으며, 지사학적 유의성을 지니고 있다. 지구는 유구한 세월의 흐름 속에 지각적인 변동, 즉 지진, 화산, 빙하기, 대륙의 이동, 기후의 변화 등과 같은 작용으로 변모하여 오늘날과 같이 된 것이다.

실례로 세계적으로 유명한 중국의 장가계, 원가계의 2천 미터 정도 되는 기암절벽의 산봉우리들은 수려한 자연경관을 드러내는데 이것은 약 3억8천만 년 전에 심해 자연을 이루고 있던 바닷속 땅이 위로 솟아올라 드러난 것이다. 그 증거로 각종 어패류의 화석이 산봉우리의 암석에서 발견되고 있다. 이것은 지구 역사의 놀라운 시공간적 변화를 여실하게 나타내는 것이다.

독도 연안의 뛰어난 수중 경관 중의 하나는 바닷속 해중림을 이루는 대황 같은 갈조류의 자생을 들 수 있다. 이것은 천연기념물이며 진기한 가치를 지닌다. 또한 이곳 청정해역에서 채취되는 해조류인 김, 미역, 다시마, 진저리, 천초, 우무가사리 등은 맛이 뛰어난 것으로 평가받고 있다. 이 해역에 서식하는 저서동물로는 산호, 불가사리, 성게, 군소 등 다양하다.

산고수려(山高水麗)라는 말이 있다. 산이 높아야 골이 깊고, 골에 흐르는 물이 맑고 수중세계가 천변만화의 아름다움을 연출할 수 있다는 표현이라고 하겠다. 이처럼 바다에서도 수심이 깊고 수량이 많은 심해에 큰 해령이나 해산이 발달되어 있을수록 바다의 본성을 잘 드러낸다.

바닷물은 깊이에 따라 형성되는 수층의 성격이 다르다. 수층에 따라 수압이 달라지며, 수온이 다르고, 염도가 다르고, 들어있는 각종 용해 물질의 함량이 다르고, 모든 이화학적인 요인의 성격이 다르다.

실제로 독도는 심해 속 거대한 해령의 일부가 수면으로 드러난 것이다. 전체적으로 볼 때 이 해령은 다양한 생태계로 나눌 수 있다. 육상의 히말라야산맥, 알프스산맥, 안데스산맥 같은 고산준령들이 고도에 따라 다양한 생태계를 펼치는 것과 비슷하다.

해양 생태계에서도 해수면에서 수심 200m정도까지는 태양광선이 투과되기 때문에 대소의 각종 해조류는 광합성 작용을 활발하게 한다. 지구 전체에서 만들어지는 광합성 양의 90%가 대륙붕의 수층에서 이루어지는 것이다.

바닷속의 수심 200m에서 500-600m까지는 지극히 소량이기는 하지만 햇빛의 영향을 받는 수층이다. 이 수층에서는 광합성 작용이 거의 일어나지 않으며 생물이 살아도 아주 조금밖에 살지 않는 해역이다.

그런데 이 수층보다 깊은 바닷물 전체는 햇빛이 전혀 투과되지 않은 무광선 층으로 암흑의 물덩어리이다. 이 암흑의 물덩어리 속에서는 생물이 살아가는 것이 거의 불가능하다. 왜냐하면 우선 엄청난 수압에 적응해야 하고, 온도가 낮은 냉수이며, 무엇보다 산소가 없어서 호흡이 불가능한 특수한 해양 환경이기 때문이다. 그래서 아주 특수한 심해상어나 전기뱀장어 같은 극소수의 생물만 서식하고 있다.

이러한 일반적인 해양 환경을 생각하면 독도를 이루고 있는 바다 산맥은 수심 3천m 이상 되는 해령으로 다양한 생태계를 이루고 있다. 다시 말해서 해중림을 이루는 비옥한 생태계와 무생물의 암흑의 수층 사이에는 수심에 따른 물덩어리의 성격이 달라 다양한 생태계가 전개되는 것이다.

한편으로 독도 해역은 해양생물과 수산 자원의 보고로서 커다란 가치가 있다. 독도의 해안선은 4km 정도로 짧지만 굴곡이 심한 리아스식 연안을 이루고 있다. 그리고 난류와 한류가 교차하여 용승현상을 나타내는 어장 형성의 최적조건을 지니고 있다. 독도 해역에서는 다양한 어류가 생산된다. 독도에 인접한 대화퇴어장을 비롯한 연근해 어장에서 많이 어획되는 해산물로는 오징어와 명태가 있다. 이 밖에도 멸치, 꽁치, 정어리, 청어, 고등어, 방어, 대구, 송어, 연어, 가다랑어, 검복, 자주복 등 원양성 어류가 생산된다. 대화퇴어장에서는 어류뿐만 아니라 붉은 대게, 해삼 등의 저서생물도 다량 생산된다.

독도의 해양 생태계의 경관을 제주도 해역 또는 태평양의 하와이 해역이나 대서양의 우주홀 해역에서처럼 잠수정으로 관광할 수 있다면 좋을 것이다. 재미있는 해양생물의 세계를 감상할 수 있는 좋은 관광자원이 될 것이다.

독도 해역에서 난태성 어류인 망상어가 치어를 낳기 위해 모성본능으로 스스로의 목숨을 희생하는 모습은 감동적인 장면이 아닐 수 없다. 체외수정을 하는 자리돔이 번식을 위해 천적인 불가사리, 해삼, 군소 등의 각종 저서생물들을 멀리 밀어내며 청소하는 모습도 독특하다. 혹돔이 소라, 전복, 홍합 등의 패류를 이로 깨서 섭식하는 것도 인상적이다.

독도의 해양을 과도하게 개발함으로써 자연경관을 더 이상 파괴하

독도 연안의 오염 현장. 해양 오염 관리가 되지 않던 시절, 생활 쓰레기를 수심 깊이 투기하였으나 해류에 의해서 표층으로 이동된 것이다.

지 말고 자연 생태계 보존 구역으로 지정하여 보호할 필요가 있다.

최근 독도 영유권 분쟁의 여파로 수많은 사람들이 답사, 관광, 방문, 시찰 등의 목적으로 몰려들어 독도 본연의 자연이 훼손되고 해양 오염이 가중되고 있다. 자연보호에 소홀하지 않도록 해야 하며, 과도한 개발이나, 과잉보호는 독도를 변모시키는 결과를 초래할 것이다(김기태, 2008).

독도 육상의 자연경관

독도는 실질적으로 해양 경관 즉, 수중 경관이 백미이다. 그러나 수중 경관을 육안으로 쉽게 접하기는 어렵고 잠수를 통해서 수중 세계를 관찰할 수밖에 없다.

다른 한편으로 독도 군도의 해상 경관 즉, 도서의 경관도 일품이라 할 수 있다. 독도와 서도의 해안선은 불과 5-6km정도에 불과하지만 선박으로 섬의 둘레를 선회하다보면 그 모습이 매우 다양하여 천의 얼굴을 보여준다. 때로는 기암절벽의 해암이 솟아있고, 그 사이사이에 초목이 우거져 있고, 비상하는 조류의 경관은 매우 아름답다. 외관상 독도는 온화한 해양성 기후에 초본류가 다양하게 자생하여 암석부분을 제외하고는 아름다운 초원이 펼쳐진 자연경관을 보여주고 있다.

독도의 상공에서는 천연기념물인 괭이갈매기 군무가 펼쳐지며 환상적 아름다움을 연출한다. 독도에 자생하는 괭이갈매기의 수는 1만 마리 이상이다. 따라서 이곳의 산봉우리나 토양의 대부분이 괭이갈매기의 서식 둥지라고 해도 과언이 아니다. 독도의 괭이갈매기는 현재 천연기념물로 지정되어 있다.

동도는 일본을 향해 있는 정 동쪽이 대한민국 인장의 지형을 하고 있다. 그리고 옆에는 한반도를 지키는 수문장 같은 모습의 바위산이 있어 국토를 지키는 표상처럼 보인다.

동도는 일본을 향해 있는데 한 부분이 한반도의 지도와 매우 흡사하게 닮아 있어서 마치 나라의 인장을 찍어 놓은 듯하다. 동도는 다양한 형태로 보이는 화석암으로 되어 있고, 경사가 원만하고 그리 높지 않아 등대, 수비대, 헬리콥터 착륙장 등의 시설물들이 있다.

서도는 비교적 높은 암벽의 산으로 되어 있다. 이 암벽은 절벽을 이루고 있는데, 강한 풍화작용으로 파이고 깎이고 다듬어진 면모가 자연스럽고 수려하다. 섬의 밑 부분 바위는 강한 파도에 따른 부식작용으로 마치 무늬로 수 놓은 듯하다.

독도의 화산암이 심해에서 돌출했다고 하나, 아주 오랜 세월의 풍화작용으로 토양이 형성되었고, 온화한 기후의 영향으로 그 토양이 초원을 이룸으로써 경관을 아름답게 만들고 있다. 뿐만 아니라 수많은 조류들이 서식하며, 특히 괭이갈매기의 군무 같은 뛰어난 경관이 연출되고 있다.

풀밭과 갈매기가 있는 독도의 해안선

풍화작용이 덜 돼 보이는 독도의 험악한 암벽 지형

독도의 식생

　　　　　　　　　　독도의 식생은 심해 자연의 해암 풍토에서 이루어지고 있다. 이러한 식생은 완전히 해양기후와 해양의 물리화학적 성격에 지배를 받고 있다. 독도는 위도 상으로 온대 해역에 위치하고 있지만, 리만 한류와 쿠로시오 난류가 만나는 천이(遷移) 해역의 환경 속에 있는 조그만 바위섬이라고 하겠다. 그리고 독도는 심해성 기후로 심한 추위도 없고 심한 더위도 없다. 다시 말해서 커다란 온도 변화 없이 바닷물의 일정한 온도 범위 내에서 영향을 받는다.

　독도의 식생은 암석의 풍화로 이루어진 토양이어서 비옥할 수는 없지만 온화한 기후와 충분한 강우량으로 서식환경이 좋은 편이다. 독도에서는 바위가 토양으로 변한 곳이기만 하면, 어느 곳이든 식생이 이루어지고 있다. 다시 말해서 독도는 초본이든 목본이든 무난하게 서식할 수 있는 자연환경을 지니고 있다. 그러나 강력한 바닷바람의 영향으로 수목의 형성에는 영향을 크게 받을 수밖에 없으며, 따라서 목본류의 자생은 어느 정도 제한되어 있음을 볼 수 있다.

독도의 육상에는 초본류의 자생이 뛰어나게 우수하여 봄과 여름의 시기에는 무성한 초원을 형성하며, 그 다양성도 면적에 비해 상당히 크다. 무엇보다도 독도의 식생은 아름다운 자연경관을 이루고 있다.

독도의 식생 연구는 1919년에 일본의 식물학자 나카이(Nakai)가 조사를 하였고, 그 뒤로는 우리나라의 원로 식물학자인 정태현, 이영노, 이덕봉, 이창복 등에 의해서 조사되었다. 1981년에는 한국 자연보호 협회가 조사한 바 있으며, 필자는 1999년 6월에 독도의 육상에서 초본류 종의 구성에 대하여 조사하고 이를 한국생태학회지에 보고한 바 있다. 이밖에도 대소의 조사 활동이 있었지만, 지리적으로 외진 섬의 특수성으로 간헐적이면서 1회적으로 수행한 조사들이었다.

1999년 5월 14일과 6월 22일에 필자가 독도를 답사하였으며, 식생의 성격과 괭이갈매기 군락에 대한 조사와 연구는 아주 단순하고 단편적이었다. 일반적인 식생과 주요 경관은 사진 촬영으로 기초적인 자료를 확보하였다. 6월 22일의 답사는 드물게 일기가 아주 쾌청하여 식생 연구에 적절한 시기였다. 모든 초본이 무성하게 자라 초원을 이루고 있었기 때문에 식생 조사가 효과적이었다. 그리고 일반적인 해황이 양호하였으며, 괭이갈매기의 좋은 번식기이기도 하였다.

독도의 식생을 전반적으로 종합해 보면, 개밀, 갯까치수염, 갯과불주머니, 갯개미자리, 갯메꽃, 구절초, 도깨비고비, 땅채송화, 돌피, 띠, 마디풀, 명아주, 민들레, 바랭이, 번행초, 별꽃, 붉은가시딸기, 사데풀, 산조풀, 섬기린초, 섬장대, 섬제비쑥, 쇠비름, 수수새, 술패랭이, 참나리, 참억새, 천문동, 털머위, 큰개미자리, 큰두루미, 해국, 왕해국, 해당화 등이 빈번하게 조사되었다.

  독도의 산봉우리에서는 토양이 충분하지 않아서 식물이 자라기에는 척박하며, 해변에 가까울수록 토양이 넉넉해져서 식생이 풍부해지고 무성한 초원을 이루고 있다.

  수수새의 번식은 외관상 아주 두드러지다고 할 수 있는데, 이와 더불어 띠와 산조풀도 왕성하게 군락을 이루며 대부분 해안의 토양 지대를 점유하고 있다. 넓은 잎을 지니는 사데풀도 수수새, 띠, 산조풀보다는 점유면적이 적지만 경쟁적으로 세력을 형성하면서 왕성하게 자라고 있다. 또한 구절초나 마디풀의 번식도 상당히 두드러지게 나타나서 초원의 군락을 무성하게 이루는 데 합세하고 있다. 왕호장은 다년생 초본으로 2~3m나 자라며 식용과 약용으로 유용하게 쓰인다.

  다른 한편으로 갯까치수염과 땅채송화는 답사 당시에 꽃이 만개해 있었으며 야생화로서 화려한 면모를 드러내고 있었다. 이런 몇 가지 초본들의 왕성한 번식은 독도의 해양성기후와 암석에서 풍화된 토양에 잘 적응되어 있음을 보여주고 있는 것이다.

  또한 독도의 토양에는 비교적 척박한 땅이나 암석 틈에서 서식하는 해국, 바랭이, 쇠비름, 명아주 등도 대단히 활기차게 자라고 있다. 특히 바닷가 바위틈에서 볼 수 있는 해국은 이곳에 멋진 경관을 더해준다.

현재 독도에는 사철나무, 섬괴불나무, 댕댕이덩굴 등이 자생하고 있으며, 전자의 두 종류는 작은 군락을 이루고 있는 것으로 보고되고 있다. 특히 섬괴불나무의 자생은 특기할 만하다. 이들의 자생이 원활하여 번식면적이 늘어나고 있지만 바위틈에 자생하고 있어서 자연번식에는 한계가 있다.

다른 한편으로 해송 같은 친해양성 수목의 서식이 가능하여 식수를 통해 수목을 형성하는 것도 바람직하다고 하겠다. 수목의 형성은 독도가 국제적으로 무인도에서 유인도의 위상으로 전환되는 필요조건의 하나가 되는 것이다.

돌피(*Echinochloa crus-galli and Spergularia marina*)

땅채송화(*Sedum oryzifolium*)

마디풀(*Polygonum aviculare*)

명아주(Chinopodium album var. centrorubrum)

사데풀(Sonchus brachyotus)

바랭이와 띠(Pinus thunbergii, Imperata cylindria var. koenigii and Sorgh- um nitidum var. majus)

산조풀(Calamagrostis epigeios)

쇠비름(Digitaria sanguinalis and Portulaca oleracea)

해국(*Aster spathulifolius* and *Chrysatheman zawadskii* var. *latelobum*)

갯까치수염(*Lysimachia mauritiana*)

독도와 다케시마의 날

2008년부터 일본은 시마네현에서 다케시마의 날을 정하여 행사하고 있다. 이것은 다케시마 즉 독도는 일본 땅이라고 주장하는 행사인데 해가 거듭될수록 규모가 커지고 중앙정부의 고위급 인사가 참석하기 시작하였다.

2017년에는 중앙정부의 차관이 참석하여 축사를 하면서 국민의 관심을 끌어 모았다. 그 역시 다케시마는 일본 땅이라고 강변하는 것으로, 이런 엉터리 거짓말을 거듭하여 진실인 듯 착각을 불러일으키기 위한 행위이다.

또한 일본은 독도에 대한 자료관으로 다케시마 기록관을 개설하여 독도를 일본의 땅이라고 홍보하더니 2020년 1월 20일에는 본격적으로 도쿄 시내의 중심부로 확대 이전하여 운영하고 있다.

도쿄의 영토 주권 전시장에는 센카쿠열도(중국명 다오위다오)와 쿠릴열도의 러시아가 소유한 4개의 섬도 포함되어 있는데 총 670m²의 커다란 전시관이다. 여기에 다케시마 전시관이 사이에 끼어 있는데 넓이가 120m²이다.

역사는 반복된다고 하지만, 일본의 독도에 대한 야심은 날로 조금씩 증가하고 있다. 일본은 허공에 발길질 하듯 이런 헛된 욕심을 남김없이 드러내고 있는 것이다.

우리나라는 1965년 일본과 한일협정을 체결하고 국교를 정상화시켰다. 그러나 추후에 위안부 문제가 제기되었고 일본은 잠잠하던 독도 문제를 들고 나와 분란을 조장했다. 위안부 문제가 증폭될수록 일본은 독도 문제를 증폭시키는 경향을 나타냈다.

일본은 북한이 핵을 보유하는 것을 지극히 경계하고 있다. 독도는 동해의 한가운데 위치한 전략적 요충지로서 한-일 뿐만 아니라 미-중-소 등은 동해를 세력 확장의 대결장으로 여겨 함대와 전폭기를 출격하며 세력을 확보와 힘겨루기의 무대로 삼고 있다. 이런 이유 때문에 일본은 바다의 요새인 독도를 다케시마라고 부르며 더욱 집착하고 있는 것이다.

일본의 수상 아베는 위안부 합의문을 파기한 문재인 정부에 대해서 1mm도 움직이지 않겠다는 단호한 의지를 표명하였으며, 후임 스가는 아베보다도 더 강경한 태도로 역사 왜곡을 고수하고 있다. 원천적인 인권유린에 대해서는 지속적으로 사죄해야 함에도 불구하고 섣부른 우리 정부의 대응으로 국제적 합의사항을 불이행한다는 비판을 면할 수 없게 되었다.

2장

독도의 지정학적 중요성

독도의 망상어와 아귀의 속성
독도는 군사 요충지
독도는 안보의 최전방
진화, 인간의 극상시대
국가의 멸망, 국운을 바라보며

독도의 망상어와
아귀의 속성

　　　　　　　　　　　　　　　　망상어(*Ditrema temmeki* BLEEKER)는 태생어로 수심 30m 정도의 얕은 바다에서 떼를 지어 산다. 독도 해역에서는 해조류 속에 서식하는 작은 수생동물이나 새우 등을 잡아먹으며 군생한다. 망상어의 정소에서는 9월 초에 정자를 관찰할 수 있으며 12-1월경에 암놈의 뒷지느러미에 붙어있는 수정관에서 정자를 찾아볼 수 있다.

　망상어는 새끼 번식을 위해서 5-6개월 동안 수정란을 체내에서 성장시켜 55-57mm나 되는 적지 않은 크기의 자어를 보통 10-30마리 출산하고 그냥 숨을 거둔다. 잉태기간이 5-6개월이나 되는 망상어의 새끼는 5-6월에 태어나고 성장한다. 태어나서 1년 자라면 120mm의 크기가 되고 2년생은 170mm, 3년생은 230mm로 성장한다.(정문기, 1977)

청정해역인 독도 연근해에는 5-6월에 대번식을 하여 부유하는 모자반을 비롯하여 해중림으로 우점종의 자리에 있는 대황, 감퇴, 미역, 다시마 등의 군락 속에서 망상어의 일대기가 펼쳐진다. 이것은 자연현상이지만 대단히 아름다운 경관을 연출하고 있다.

어미 망상어는 출산에 자신이 가진 모든 에너지를 완전히 소모하면서 탈진하여 맥없이 죽는다. 그리고 다른 어류의 먹이가 되거나 분해되어 자연의 순환과정을 따른다. 망상어의 출산 현장을 보면 처절하고 눈물겨운 혼신의 노력을 하면서 새끼를 뱃속에서 내보낸다.

망상어와 대조적으로 수중의 폭군으로 군림하는 아귀와 메기의 먹이 본능을 다소 살펴보면 다음과 같다.

아귀는 저서 어류로 입과 머리 부분이 대단히 큰 반면에 몸통과 꼬리는 보잘것없이 작다. 몸체에 반점이 흩어져 있으며, 색깔은 주로 검은 빛을 띠는 회색이다. 빛을 좋아하지 않아 바다 밑의 암초나 해조류 숲 속의 어두운 곳에서 어슬렁거리며 생활하는 야행성 어류이다.

아귀는 육식성 어류로서 밝은 곳에서는 가만히 있지만, 어둠 속에서는 야성적이고 민첩하다. 아귀는 커다란 입을 가지고 입속으로 들어갈 수 있는 물고기는 모두 잡아먹는다. 이(齒)가 작지만 날카롭고 촘촘하게 배열되어 있어서 다른 어류를 용이하게 잡아먹을 수 있다.

메기는 바다산도 있고 담수산도 있다. 치어일 때는 3쌍의 수염이 나타나지만, 성어가 되면 2쌍을 가진다. 메기도 아귀와 마찬가지로 입이 대단히 큰 저서성 어류이며, 수명이 길어서 60여 년이나 생존할 수 있다. 빛이 있을 때는 운동을 정지하고 어두운 곳을 찾아 숨지만, 어두운 곳에서는 대단히 민첩하고 야성적이다.

담수산의 경우, 홍수나 범람으로 하천의 물가에 쓰러진 나무뿌리의 어두운 굴속은 메기나 뱀장어의 좋은 서식처이다. 메기는 색깔이 누런 갈색이거나 어두운 갈색을 하고 있다. 뻘이나 진흙, 모래밭 속 또는 물 밑의 바윗돌이나 큰 돌 밑에서 다른 어류를 잡아먹으면서 생활한다.

실제 수족관에서 메기를 길러 보면 이런 성격을 쉽게 관찰할 수 있다. 실험용 수족관에서 메기의 먹이로 살아 있는 붕어, 새우, 미꾸라지, 피라미 같은 것을 공급하면, 놀라울 정도로 난폭한 메기의 포식성을 발견할 수 있다. 어두운 밤에 벌이는 섭식 활동을 관찰하면, 맹렬하다. 메기는 물속에서 튀어 오르는 힘이 강해서 때로는 수족관의 덮개를 열고 땅바닥으로 떨어지는 난동을 부리기도 한다.

메기 집단을 하나의 수족관에 모아 놓으면 먹이가 부족할 때엔 큰 것이 작은 것을 포악하게 공격한다. 큰 메기가 작은 메기를 삼켜 버리는 경우가 자주 발생해서 작은 것은 살아남지 못한다. 연못 같은 수계에서도 메기나 가물치 같은 공격성 어류가 자생하면, 작은 어류가 풍성하게 번식하는 것은 기대할 수 없다.

해양 생태계의 수많은 생물들은 독자적으로 서식하고 있는 것같이 보이지만 실제로는 직접 또는 간접적으로 서로 먹고 먹히는 먹이망이 구축되어 있다.

이는 강대국이 약소국을 먹어치우거나 괴롭히는 짓과 별로 다르지 않다. 일제의 35년 동안 우리 국민이 한없이 고통을 당하며 스러져간 사실도 이와 비슷하다. 지금도 국제적으로 이와 비슷한 현상이 사라지지 않고 있음을 직시해야 할 것이다.

사람이 사는 세상에도 먹거리의 본능에는 고관대작이나 평범한 사람들이나 차이가 없다. 체면과 예의범절이 있고 격식이 있는 군자라도 배가 고프면 어쩔 수 없이 먹이 본능이 나타나 이성을 잃기 마련이다.

속담에 '아귀 귀신처럼 먹는다'는 말은 아귀의 무차별한 섭식을 의미하는 말이다. 또는 어둡고 음침한 환경에서 강자가 약자를 공격하는 동물의 먹이 본능을 표현하는 말이기도 하다. 즉 이성이 배제된 상태에서 일어나는 야만행위를 말하며, 독식 또는 패거리끼리 먹어 치우는 탐욕을 꼬집어 표현하는 것이기도 하다. 때로는 피터지게 싸우는 무법천지를 말한다.

사회 규범이 정착되지 않은 불안정한 사회일수록, 불의가 만연된 사회일수록, 심지어 대학 같은 지성인의 사회에서도 노회(老獪)한 패거리가 승(勝)할수록 아귀 귀신들이 판을 친다. 사람이 지닌 덕목이나 지성은 접어두고 소의(小義)가 대의(大義)를 외면하는 현장이다. 그래서 옛날부터 눈에는 눈, 이에는 이와 같은 탈리오의 법칙이 생겨났고 악을 악으로 갚지 말라는 계명이 나타난 것이다.

독도는 군사 요충지

독도는 대한민국의 국토로서 영토권의 중요성이 있다. 동해는 국제적으로 한국, 북한, 러시아, 일본으로 둘러싸여 있으나 중국도 북한의 두만강 수로를 통해서 동해로 진출하여 해군기지를 구축하고 있다. 따라서 동해는 여러 나라의 군사적 이해관계가 복잡하게 얽혀 있는 바다이다.

독도는 면적상 겨우 $0.18km^2$의 불과한 작은 바위섬에 지나지 않는다. 그러나 국제적으로는 긴요한 군사 요충지 역할을 하고 있다. 동해는 107만km^2나 되는 큰 바다이고 깊이는 3천7백m 이상 되는 심해로서 섬이 거의 없는 대해의 성격을 지닌다. 자연 지리적으로는 태평양의 한 부분이기도 한 내해이다.

동해의 북쪽으로는 한대의 오호츠크해와 연결되어 있어서 한류의 영향을 강하게 받고 있다. 따라서 동해 북부 해역에서는 명태를 비롯한 각종 한대성 어류의 어장이 형성되는 해역이다.

이와 대조적으로 동해 남부 해역에서는 북상하는 난류의 영향을 크게 받고 있어서 해양학적으로 독특한 해양 환경을 이루며, 수산면으로 난류성 어족이 대이동을 하면서 어장을 형성한다.

독도는 동해 남부 해역의 중앙에 위치하고 있어서 한일 관계뿐만 아니라 이곳을 출입하는 여러 나라의 선박활동에 대해서, 첫째, 해황이 악화되거나 태풍이 발생될 때에 가장 빨리 피항할 수 있는 최적의 피항지 기능을 지니며, 둘째, 독도 인근의 해역에 펼쳐지는 대륙붕 해역, 즉 대화퇴어장을 비롯한 황금 어장에 출어하는 어선들에게 생활필수품을 조달하고 휴식처를 제공할 수 있는 기능이 있고, 셋째, 무엇보다도 군사기지로서의 기능이 아주 중요하다.

현대전은 속전속결의 성격이 짙으나 접근전 같은 대치 국면에도 승패가 갈리는데, 이럴 때에 많은 병력을 유치하여 기항할 수 있는 기지가 필요하다. 다시 말해서 독도는 망망대해에 떠있는 바위섬이기는 하지만 중간 기착지의 중요한 역할을 하고 있다. 하물며, 군사적 대치가 불가피한 북한, 중국, 러시아, 일본, 한국 등의 해군에 있어서는 더 말할 나위 없이 중요한 교두보 역할을 한다.

오늘날의 전쟁 특성상 최첨단 과학기술을 활용한 정보 전쟁이 승패의 관건이 된다. 다시 말해서 전자 정보가 전쟁의 요체이다. 상대방의 군사 정보를 신속하고 정확하게 입수할 수 있는 능력이 중요하며, 나아가서는 상대방의 정보망을 교란함으로써 군사명령 체제를 혼란시키는 데 성공하는 쪽이 승리한다. 따라서 이러한 정보를 쉽고 정확하게 얻을 수 있는 교두보가 필요한데, 현대전은 광활한 영토를 관할하는 것보다는 긴요한 요새에 정보망을 구축하는 것이 우선이기 때문이다. 상대방의 군사적 활동범위 즉 항공기의 움직임, 해군 선박의 움직임, 나아가서는 잠수함의 움직임까지도 신속하게 포착할 수 있는 요충지의 확보가 필요한 것이다.

'지피지기 백전불태(知彼知己 百戰不殆)'라는 말이 있다. 상대방을 알고 우리 자신을 알면 백번 싸워도 위태롭지 않다는 옛말이다. 독도가 바로 이런 요충지에 해당되는 곳이다. 독도는 일본에게 더없이 귀중한 군사적 생명줄처럼 보일 것이다.

최근에 북한이 일본의 영공을 지나 태평양 쪽으로 로켓을 발사하는 한편, 핵실험을 꾀하고 있어서 일본은 자위대 강화와 북한의 군사 행동을 조속히 간파하고 긴밀하게 대응하는 전략을 고심하지 않을 수 없다. 긴급사태에 대비해 일본은 독도를 어떻게 해서든지 이용하려는 욕심이 늘어 날 것으로 예상된다.

일본으로서는 북한, 러시아, 한국 등의 군사적 행동을 신속하게 견제할 수 있는 방어체제를 확충하려고 한다. 그뿐만 아니라 러시아와 중국의 함대들이 동해에서 펼치는 각종 작전을 아주 신속하게 간파할 수 있는 워치 타워가 독도인 것이다.

　이런 관점에서 일본은 끊임없이 독도를 분쟁화하려고 시도하고 있다. 그 대표적인 행태로 시마네현이 2005년 3월에 다케시마(독도)의 날을 조례로 제정한 것을 들 수 있다. 이에 대응하여 우리는 2005년 4월부터 울릉도와 독도 사이에 여객선을 처음 출항시켜 관광 차원에서 독도를 개방하였다. 또한 일본이 아사히신문사의 경비행기를 독도 상공에 진입시키려고 할 때 우리나라는 전투기 4대를 출격시켜 이를 저지했고, 일본의 순시선이 독도 인근 해역에 접근했을 당시에는 우리 해군이 출동하여 이를 퇴치하였다.
　일본은 1996년부터 우리와 200해리 배타적 경제 수역(EEZ)에 대해 여러 차례 협의하면서 그때마다 독도를 자신의 영토라고 주장하고 독도와 울릉도 사이에 중간선을 제의한 바 있다. 또한 이런 틈새를 타서 일본은 우리의 EEZ 해역에서 탐사활동을 벌였다고 한다. 이러한 행위는 한일 간에 영토 분쟁이 일어나고 있음을 국제적으로 알리려는 시도라고 하겠다.
　이때 우리가 일본의 탐사선을 나포하여 우리의 법에 따라 처리하면 일본은 국제 사법 재판소에 독도 분쟁을 위촉하고 막강한 경제력을 이용해 독도를 탈취하려는 시도를 할 것이다.
　IMF로 우리나라가 경제적 어려움을 당할 때에 일본은 일방적으로 한일어업협정을 파기하고 신한일어업협정을 추진하여 독도를 한일 간의 공동 수역으로 하려는 그들의 주장이 관철되어 영유권 문제는 더욱 첨예해졌다. 광복 이후 70년 동안 우리가 독도를 관리해 왔고 일상적인 행정업무가 수행되고 있는 우리나라의 국토임을 잘 알면서 떼를 쓰는 것이다(김기태, 2007).

독도는
안보의 최전방

　　　　　　　　　　옛 말에 '종신양반 불실일단(終身讓畔 不失一段)'이란 말이 있다. 평생 논두렁이나 밭두렁을 조금씩 양보한다고 해도 한마지기의 논이나 한 뙤기의 밭을 다 잃지는 않는다는 말이다. 그러나 국가 간에 영토를 야금야금 침입하여 자기의 영토로 한다는 것은 전쟁을 불러일으킬 수밖에 없는 행위라 할 수 있다.

　영토는 국가의 명운과 국민의 생존권이 달린 문제이다. 지구상에는 수백 개의 나라가 있고 이들 사이에는 복잡하게 꼬인 갈등과 분쟁 나아가서는 철천지원수로 죽고 죽이고, 점령하고 점령당하는 비극의 역사가 비일비재하다.

　인간 사회에서는 개인적으로 이웃을 잘 만나야 평화롭고 행복하게 살 수 있다. '백만매택 천만매린(百萬買宅 千萬買隣)'은 집값이 백만 량이면 이웃은 천만 량이라는 뜻으로 좋은 이웃의 중요성을 강조하는 말이다. 하지만 반대로 원수 같은 이웃을 만나서 날마다 아귀다툼을 한다면 얼마나 불행하겠는가.

사람 사이의 갈등보다도 심각한 것은 국가 간의 갈등이고 싸움이다. 세계 역사를 살펴보면 참으로 불행한 민족과 나라가 적지 않다. 지구상에는 영토로 인하여 종교와 이념으로 인하여 처절한 싸움이 반복되는 경우를 흔히 찾아볼 수 있다.

우리는 주변에서 쉽게 학교 폭력을 찾아볼 수 있다. 아이들의 세상이라고 해도 힘이 세다고, 꾀가 많다고, 또는 삼삼오오의 힘으로 착한 아이를 괴롭히고 갈취한다면 거기에 무슨 우정이 존재하겠는가. 여기에는 오로지 노예 같은 복종과 제왕 같은 오만이 있을 뿐이다.

우리나라는 국제적으로 대단히 중요한 지정학적 위치를 차지하고 있다. 다시 말해서 대륙과 대양 사이에서 다리 역할을 하고 있으며, 기후 풍토가 대단히 좋아서 침략을 많이 받아 전쟁과 환란의 세월을 반복해 왔다.

이러한 국가적 운명을 극복하기 위해서는 민족자립의 대책이 세워져 있어야 한다. 나라가 살아남기 위해서는 철두철미하게 지도자를 중심으로 애국심이 고조되어 있어야 하며 힘과 능력으로 민족 자립을 이룩해야 한다. 그러나 우리는 세계 열강의 아귀다툼 속에서 임금이 무능하고 관료들이 어리석어서 일제 35년 같은 고초를 겪었다.

동해는 107만km²가 넘는 방대한 넓이이며 심해라는 점을 감안하면 막대한 공간을 차지하고 있다. 독도는 하나의 물이 담긴 해양분지(basin)이다. 독도는 동해의 한가운데 오뚝하게 선 섬으로 이 해역을 연구하는 것은 주권국가로서 당연히 할 일이다.

다시 말해서 독도 연구는 동해 남부 해역의 조그만 돌섬으로만 볼 것이 아니라 동해의 중심에 있는 섬이라는 점에 주목해야 한다. 우리에게 독도는 국토방위의 최전선이며 바다로 이웃나라와 국경을 접하고 있다. 따라서 연구 인프라의 구축과 연구 인력의 양성과 같은 연구 분위기 조성이 필요하다. 나아가 국제적 공동 연구도 주도해야 한다. 여기

평화로운 독도의 모습

에 참여해야 할 여러 파트너 중에는 일본도 포함되어야 한다.

　일본이 참석하여 같이 연구하는 분위기를 만들어야 한다. 우리는 이들에게 학문적인 성취감을 줄 수 있는 역량이 필요하다. 학문적 보람이 있어야 일본의 해양학자들이 연구에 참여할 것이다.

진화,
인간의 극상시대

　　　　　　　　　　자연의 시공간적인 변천에 따라 생물계에서는 종(種)이 점멸한다. 이렇게 종의 출현, 적응, 발전, 극상, 쇠퇴, 멸망의 과정 또는 도중하차는 자연의 이법(理法)이다.

　지구가 우주 공간에 태어난 것은 약 47억 년 전쯤이라 한다. 그리고 원시 인간이 지구상에 출현한 것은 수백만 년 전의 일이라고 한다. 현재 인구는 약 80억이며 인류의 인지 발달은 극상을 향하고 있다.

　인류는 지금 지구 생활권에서 타(他)의 추종을 불허하는 번성기를 누리고 있다. 현재 지구가 인간에게 낙원 역할을 해주는 것처럼 지구의 역사 속에는 여러 생물이 극상을 이루는 시기가 있었다. 석탄이나 석유로 화한 생물은 한때 지구를 뒤덮은 우점종이었다. 오늘날에 인류가 이러한 예(例)의 하나라고 한다면 부인할 이유를 찾기가 어렵다. 그럼에도 현재 인간은 개인적 또는 국가적으로 극심한 이기주의에 몰두하고 있다.

인류는 지금 극상에서 서서히(?) 퇴장해야 할 때이다. 그리고 아마 인간과 더불어 살고 있는 어느 생물종 중 하나가 인간의 대(代)를 이을 것이다. 다만, 그 시기나 자세한 과정을 모를 뿐이다.

생물학자들은 인류의 대(代)를 이을 생물에 대하여 큰 관심을 가지고 있다. 그 생물은 환경에 대한 적응성이 아주 유연할 것이다. 우선, 일차 본능인 식성이 무난하여 도처에서 쉽고 풍부하게 먹이를 얻을 수 있고, 다음으로는 강한 번식력이 있어야 하며, 셋째는 해부학상 지능이 뛰어나게 발달할 두뇌의 잠재력이 있어야 할 것이다.

가정일 뿐이지만 생물들과 비교할 때 쥐가 위의 세 가지 조건에서 비교적 유리한 편이라고 한다. 지난 시절 매스컴과 여러 가지 수단을 통하여 인간이 대대적으로 쥐의 박멸 운동을 전개한 적이 있는데 마치 쥐에 대한 적대심리가 발동된 것 같았다.

쥐는 인간의 양식을 심각하게 축내고 치명적인 병원균을 퍼뜨려 재난을 불러일으키는 유해 동물이었지만, 동화에서는 선한 역을 맡아주고, 생물학 발전을 위한 실험동물로 헌신적으로 인류 복지에 공헌해 왔다. 이런 면에서 사람과 쥐는 공생의 시대를 살고 있는 셈이다.

얼마 전까지만 해도 "인생칠십고래희(人生七十古來稀)"라는 옛말이 유효했으나, 지금은 백세 이상 살 수 있고, 수명은 더욱 늘어나는 추세이다. 인류의 수백만 년 고래희(數百萬年 古來稀)는 지구라는 유한한 공간과 장구한 세월의 흐름 속에서 장수(長壽)가 아니라, 한때 출연한 화려한 요정일는지도 모른다. 인간으로서 시공간적인 한계를 느끼는 대목이다.

국가의 멸망, 국운을 바라보며

　　　　　　　　조선이 멸망한지 100여 년 되었고 대한민국이 새로이 광복을 통하여 수립된 지 70여 년이 훨씬 지났다. 국가의 명운은 그 시대의 백성이 아니고 그 나라를 운영하는 지도자에 의해서 결정됨을 역사적으로 볼 수 있다. 조선 왕국은 500여 년 이상 지속되었지만 잠시 찬란했던 문화를 꽃피웠던 기간을 거쳐 수난과 굴욕의 시대를 겪었고 결국은 일본의 식민지로 전락하는 비운을 맞았다.

　나라의 흥망성쇠와 망국이 임금 한 사람의 무분별한 사리판단으로 백성을 다른 나라, 다른 민족의 노예로 종속시키고 자기 일신의 보신에만 급급했다면 무책임하고 무능한 지도자이다.

　1590년에 선조는 황윤길을 통신사 정사로 일본에 파견하여 일본의 정황과 변란의 가능성을 보고하게 하였다. 그는 실권이 없는 서인이었다. 통신사의 부사로는 권력을 가지고 있는 동인의 일원인 김성일을 같이 파견하였다. 황윤길이 귀국하여 일본이 전쟁준비를 하고 있으며 전쟁기운이 고조되어 있으니 침략할 것이라고 보고하였으나 당시 영의정으로 동인이었던 유성룡이 김성일과 함께 황윤길과 반대되는 보고를 선조가 채택하도록 하였다.

1592년 임진왜란이 일어나 왜군이 밀물처럼 밀려드니 선조는 허둥지둥 피난 다니기에 여념이 없었다. 평양으로, 의주로 피난을 다녔으나 전 국토가 위험해지자 나라의 국운은 제쳐놓고 명나라로 망명까지 하려고 한 것이다. 유성룡이 망명을 만류하지 않았으면 망명객이 되어 자신만 살아남았을 것이다.

이 무능한 임금은 이미 오래전부터 일본이 전쟁준비를 하고 있으며 전쟁기운이 고조되어 침략할 것이라는 통신사 황윤길을 통해 보고받았으나 묵살했었다. 태평성대를 누리다가 전쟁준비를 하는 것은 귀찮고 힘들다고 판단한 것이다. 천우신조로 이순신의 12척의 배가 있었고 명나라의 원병이 있어 위기를 모면할 수 있었지만 7년이란 길고도 긴 전쟁 속에 온 백성의 고통은 이루 헤아릴 수 없었으며 나라는 뿌리채 흔들리고 있었다.

병자호란은 인조가 명나라와 후금 사이의 균형외교를 걷어치우고 명나라를 섬기는 외교로 돌아서자 후금에서 국호를 바꾼 청나라의 태종이 1637년 12만 대군을 이끌고 침략한 전쟁이었다. 남한산성에서 버티던 인조는 결국 1637년에 삼전나루터에서 청나라 왕을 향하여 3번 절하고 9번 머리를 땅에 조아리는 굴욕적인 항복 의식을 치러야 했다. 우리 민족에게 다시 있어서는 안 될 치욕의 역사였다.

임진왜란 이후 광해군은 명나라와 후금 사이에서 균형외교를 하며 대동법을 시행하고 동의보감을 발간하는 등 국정을 잘 운영하고 있었다. 그러나 균형외교에 불만을 품은 세력들이 인목대비를 폐위시키고 배다른 영창대군을 죽게 한 폐모살제의 죄를 물어 인조반정으로 광해군을 폐위시키고 인조를 세웠던 것이다.

1910년 한일 병합은 일본에 나라를 팔아먹은 고종황제가 책임을 져야 할 사안이다. 고종황제는 스스로는 져야 할 책임을 을사오적에게 떠맡기고 서명을 회피했던 그야말로 무능의 극치를 보인 임금이었다.

그는 무려 44년 동안 왕으로 재위하면서 쓰러져가는 나라를 방치하고, 임금 자리에만 연연하며 호의호식한 임금으로 역사에 남게 되었다. 국가를 통치하는 지도자가 아닌, 오로지 보신에만 신경을 쓴 오점을 지닌 임금으로 기록된 셈이다. 총 한 방 쏘지 않고 송두리째 나라를 일본에 안겨 준 절대무능과 완벽한 무책임으로 인하여 우리나라는 35년 동안이나 노예생활을 해야 했을 뿐만 아니라 오늘날까지도 남북분단이라는 뼈아픈 시련의 세월을 보내고 있는 것이다.

그렇다면 현재의 대한민국의 상태는 어떤가. 지난 문재인 정부에서는 북한의 핵과 미사일의 발달은 급속하게 이루어지고 있는 반면에 일본과는 반일감정 고조로 각을 세우고 있고 미국과는 한·미·일 동맹에 브레이크를 밟고 있었다. 그뿐만 아니라 중국에 대해서는 3불 정책(사드 추가 배치, 한·미·일 군사동맹, 미국 미사일방어체계 참여 불가) 같은 있을 수 없는 굴욕적인 외교를 선포하면서 평화는 대화에서 나온다고 하고 있었다. 현 윤석열 정부에서는 정책기조가 완전히 바뀌어 한·미·일 동맹을 강화하고 북핵에 대처하는 군사훈련을 시작하고 있다.

3장

독도 근해의
대화퇴어장과 해양자원

대화퇴어장과 신한일어업협정
격랑과 해양학

대화퇴어장과
신한일어업협정

우리나라는 1997년 12월 3일, IMF 국가부도 사태로 말미암아 경제공황과 실업사태를 겪으며 망연자실 실의에 빠지게 되었다. 그러나 일본은 이를 빌미로 1965년에 체결되었던 한일어업협정을 일방적으로 파기하고 1998년 1월 25일 자기 나라의 이익만을 고집하는 신한일어업협정을 체결함으로써 독도 해역과 대화퇴어장에서 우리나라의 엄청난 양보를 받아냈다. 그러나 이 협정 자체가 납득하기 힘든 과오였다. 대화퇴어장은 대륙붕을 이루는 해역으로 황금어장이다. 이 해역에 일본이 진출하게 되면 우리나라로서는 어업 손실이 막대할 수밖에 없는 것이다.

일본은 섬나라로서 수산 대국이며, 우리나라와는 바다를 사이에 두고 이웃해 있다. 그럼에도 불구하고, 정상적인 국가 협정을 일방적으로 파기하고, 국제법을 깨면서까지 이득을 빼앗은 것은 경제적인 이해타산에만 골몰한 처사였다. 여기에 무슨 우호선린의 의리가 있겠는가. 최근에도 거익심조(去益深造)의 어려운 상황이 되었다.

오늘날처럼 고도로 분업화된 과학기술 사회는 국제간 협력으로 자재의 생산이 이루어지며, 교역으로 공존할 수밖에 없는 시대이다. 외교적 불화가 있다고 해서 분업화되어 있는 반도체 소재를 수출 규제하는 따위의 행위는 없어야 한다.

그럼에도 일본은 2019년 7월 4일 자국의 수출 규제 품목 3종(불화수소, 플루오린 폴리이미드, 포토레지스트)의 한국 수출을 규제하여 국제적인 관례를 깨면서까지 타격을 입히는 부당한 조치를 취하였다. 위정자들은 이해타산을 앞세워 주거니 받거니 하면서 국민 감정을 이용하고 있다. 이에 더해 8월 2일 일본 각의에서는 한국을 수출 백색국가에서 제외하는 자해행위를 저질렀다. 이런 상황에서는 국제적 신뢰나 의리를 찾기는 힘들 일이다.

우리나라는 지정학적으로 일본과 바다를 사이에 두고 이웃해 있다. 이런 이유로 두 나라는 우호선린으로 공생해야 함에도 불구하고 불행한 역사의 골은 깊어가고만 있다. 양국의 이해관계가 복잡하게 엇갈리는 상황 속에서 상부상조는커녕 서로 미워하며 살아가고 있는 것이다.

독도는 광복 이후 70여 년 동안 우리나라가 내치 업무를 수행하고 있는 영토이며, 우리나라 경찰이 일상 업무를 수행하고 있는 국토이다. 실제로 이곳에는 우리나라의 어민들이 살고 있다. 그럼에도 일본이 독도에 대한 소유권을 주장하며 갖은 책략을 쓰고 있다.

윤석열 정부의 새로운 한일정책에 대한 보답으로, 일본은 한국을 다시 백색국가로 재지정하려는 복원 절차를 밟겠다고 한다. 그러나 복잡하고 첨예한 국제 관계속에서 한일 관계에 어떤 변화가 오게 될지는 좀 더 두고 볼 일이다.

격랑과 해양학

바다의 평온함. 봄빛 찬란하고 수면은 온통 은빛, 금빛, 무지갯빛인데 거무튀튀한 얼굴에 미소를 머금은 낚시꾼들이 거울처럼 잔잔한 바다의 푸른 녹원 같은 물속에서 도미나 참치 또는 다양한 어류를 낚아 올리는 모습을 보면, 더할 나위 없이 풍요롭고 평화스럽다. 이런 모습을 보면 오늘날처럼 시끄러운 세상살이와는 인연이 없어 보인다. 그러나 넓고 깊은 바다라고 해도 이런 평화로움이나 풍요로움이 언제나 있는 것이 아니고, 또 아무 보상 없이 이루어지는 것이 아니다.

하늘에 먹구름이 오락가락하면서 마(魔)의 골 같은 태풍의 격랑이 출렁일 때, 또는 대두(大豆) 만한 빗방울이 쏟아 부어지면서 거대한 물결이 악마의 혓바닥 같은 흰 거품을 토해낼 때에 선상(船上)에 있게 되면, 염라대왕의 열두 대문이 지척지간이요, 인명은 재천(在天)이라지만 실제로는 물고랑 하나 사이에 있는 셈이다.

바다에서는 이런 태풍이 지나야만 비로소 풍요로움과 평화로움이 이루어지게 되어 있다. 따라서 바다의 평온함과 태풍의 격랑은 교대로 반복되는 자연의 이법이다. 이러한 변화는 인간사의 기복 리듬이나 사회적인 굴곡 리듬과도 비슷하다.

해양학자는 태풍 전후의 해황, 수질 그리고 해양생물상의 변화를 연구하고 싶어 한다. 폭풍과 함께 발생하는 해류에 따른 격랑은 심층해수를 표면으로 끌어올리고, 그 속에 함유되어 있는 막대한 영양염류는 식물 플랑크톤의 물꽃을 형성시키는 근원이 된다. 그리고 이어서 식물 플랑크톤을 먹이로 하는 동물 플랑크톤이 번성한다.

다시 말해서, 심해로부터 영양염류의 용출은 바다의 초원을 이루는 원동력이 된다. 그 작은 플랑크톤이 초원을 형성하여 물벌레나 작은 물고기의 밥이 되며, 그것은 다시 커다란 어류의 먹이가 된다. 이렇게 이루어지는 어군은 우리들에게 수산 자원으로 활용되고 있다.

첨단의 장비를 갖춘 해양 연구 선박이라고 해도 물꽃이 어느 수역에 어떻게 형성되는지 넓은 대양에서 일어나는 지엽적인 자연현상을 쉽게 알아내기는 어렵다. 이럴 때 비행을 통한 원격 탐사는 유용하다. 이런 탐사로 물꽃 현상의 농도, 즉 바닷물이 함유하고 있는 클로로필의 총량까지도 산출할 수 있기 때문이다. 해양 오염에 관한 연구도 이런 방법으로 수행되고 있다. 이것은 해양학 연구에 있어서 획기적인 발전이다.

이런 탐사 자료에 의거하여 어군(魚群) 형성의 시기와 어획량을 추정한다. 따라서 태풍이 몰고 오는 용출현상(Upwelling)과 그 후의 물꽃현상은 해양자원의 일종이며, 그 형성 메커니즘과 결과를 연구하기 위하여 각국의 탐사선은 경쟁적인 관심을 보이고 있다.

바다 자연에서 반복되는 격랑의 주기적 성격은 인간의 세상에서 반복되는 역사와도 비슷하다. 한동안 태평성대를 누리게 되면 그 속에서 발효되는 부정부패가 사회 구석구석에 쌓이고 이러한 현상의 집적이 태풍노도와 같은 개혁의 물결에 의해서 사회 정의가 다시 수립되는 것이다.

정체되어 발전이 없는 병든 사회는 표면상으로 고요하지만, 내면적으로는 불만과 분쟁으로 가득 차 있고 썩고 병든 사회를 이룬다. 이것이 시간의 흐름과 함께 숙성되어 커다란 혁명적 변화를 초래하는 원인이 되는 것이다. 바닷속의 자연현상이나 인간사의 변혁은 평온함과 격랑이 교차되는 리듬을 가지고 있는 것이다.

4장

독도의 실체와 국제 위상

독도의 실체와 공생 공락의 길
독도와 한반도 깃발
일본과 국제 사법 재판소
독도 연구의 필요성
대한 독립과 민족의 자존(自存)

독도의 실체와
공생 공락의 길

                    일본과 영유권 분쟁에 휘말려 온 국민의 관심이 집중되고 있는 독도는 이미 삼국시대(서기 512년 지증왕 13년)부터 우리나라의 땅으로 편입된 국토이다.

  옛날에 독도는 육지에서 너무 멀리 떨어져 있어서 발길이 거의 미치지 못한 섬이었다. 그러나 이러한 특수한 악조건 속에서도 독도를 굳건하게 지켜온 사람들이 있었으니 바로 이사부(異斯夫), 안용복(安龍福), 홍순칠(洪淳七), 최종덕(崔鐘德) 같은 선각자들이었다. 이들이 없었다면 우리는 지금 독도 땅을 밟을 수 없었을지도 모른다.

  일본은 2008년 2월부터 또다시 끈질기게 "독도는 일본땅"이라는 홍보활동을 펼치고 있어서 적절한 대응이 불가피하다. 이러한 것은 노무현 정부 출범 때에도 있었지만 이명박 정부가 출범하고 있는 시점에 문제를 제기했던 것은 우호 선린을 표방하는 정부에 찬물을 끼얹는 것과 다름이 없었다. 일본은 독도에 대하여 떼를 쓰면 얻을 수 있는 것으로 착각하고 있는 듯 하다.

세월이 흐를수록 독도에 대한 우리 민족의 끊임없는 사랑은 활기차게 열기를 더해 가고 있다. 독도는 1904년 러일전쟁에서 일본이 승리하고 1905년 일본은 독도의 중요성을 간파하고 일본 땅으로 편입하였고, 1905년 광무 9년에는 을사늑약의 체결로 한반도 전체가 일본의 속국으로 전락되었다. 이 과정에서 결정적인 역할을 한 역적이 바로 을사오적(乙巳伍賊)으로, 그들은 내부대신 이지용(李址鎔), 군부대신 이근택(李根澤), 외부대신 박제순(朴齊純), 학부대신 이완용(李完用), 농공상부대신 권중현(權重顯)이다. 이러한 치명적인 침략을 받아 오늘날까지도 대한민국이 지구상에서 유일한 분단국으로 아픔을 지니는 것이다. 독도에 대하여 현대판의 을사오적은 없는지 성찰해 볼 만하다.

현재 수많은 관광객이 몰려들어 독도 본연의 자연이 훼손되고 있다. 독도의 독특한 자연환경의 관리 시스템을 개발함으로써 더 이상의 자연 파괴를 막아야 한다. 무분별하고 과도한 개발이나 과잉보호는 있는 그대로의 독도자연을 파괴하는 것이다. 현 시점에서 독도 수역에 대한 해양 동식물의 생태 환경을 지속적으로 조사 연구하는 것은 국력을 기르는 기본이자 더불어 일본과의 독도 영유권 분쟁을 불식시키는 노력이 될 것이다.

상대방을 알고 자기 자신을 알면 전쟁에 나가서 패하지 않는다는 말이 있다. 다시 말해서 우리는 우선 일본을 잘 알아야 하고, 그리고 우리 자신의 위치를 잘 알아야 한다. 현재 우리가 일본을 극복하는 데는 많은 노력이 있어야 한다. 정신적인 무장을 하고, 와신상담의 절제된 노력이 필요하다. 무엇보다 불확실하거나 허무맹랑한 사실이나 감정에서 벗어나 과학적이고 합리적인 사고에 근거하여 우호선린 관계를 확립해 나가야 한다.

이웃하는 일본과는 과거의 모든 문제에서 벗어나 미래지향적으로 우호선린의 새로운 장을 여는 지혜와 자세가 필요하다. 일본은 유엔을 통해서 세계 평화에 기여하겠다는 면모에 맞도록 자세를 가져야 마땅하다.

독도와 한반도 깃발

    2018년 평창 동계올림픽은 마치 한·일·미·북의 국제회의장을 방불케 할 만큼 외교전의 무대였다. 주체국인 우리나라는 미국의 북핵 폐기에 대한 무력적 압력이 가중되고 있던 시점이어서 위정자는 전쟁방지를 위해 혼신의 노력을 경주하였다.

  다른 한편으로 우리나라가 일본과 외교적으로 점점 벌어져가는 갈등 상태여서 양국의 정상이 만나서 화해협력의 실마리가 풀리지 않을까 하는 기대감이 있었다.

  스포츠는 스포츠일 뿐 국제적 갈등과 분쟁을 해결해보려는 시도는 올림픽 무대에서 합당한 것인가 생각하게 하였다. 여러 나라의 정상들이 개회식에 참석하여 마치 보이지 않는 외교의 회의장으로 활용하고 있었다.

우리나라는 남북한 단일팀으로 출전하기로 하였으며 한반도 기를 채택하였는데 독도가 빠진 깃발을 사용하기로 결정한 것이다. 국기는 그 나라를 나타내는 가장 상징적이고 대표적인 표상이다.

전 세계의 이목이 집중되어 있는 올림픽에서, 수많은 국가정상들이 모이는 공식 석상에서 정식의 국가 깃발이 아닌 낯선 한반도 기가 등장한 것은 주체국가로서 또한 스포츠 강국의 반열에 있는 우리로서는 의외의 결정으로 여겨졌다.

우리는 분단의 통한을 지니고 70년 이상 살아가고 있다. 따라서 우리의 소원은 통일이다. 현실적으로 우리는 자유민주주의 체제 속에서 번영을 누리고 있지만, 북한은 공산주의 체제 하에서 대치 상태에 놓여있으며 전쟁의 위협에서 벗어나지 못한 현실이다.

국토방위를 튼튼하게 하고 평화롭게 사는 것이 온 국민의 염원이다.

독도의 바위 위에 새겨진 태극기

이런 의미에서 한반도기는 통일을 상징하고 평화를 의미한다. 그런데 국방에 대단히 긴요한 국토 중의 하나는 독도이다.

독도가 비록 작은 섬이지만 국방에 있어서는 국제 전략상으로 중요한 섬이다. 따라서 한반도 기를 사용하는 특별한 경우 독도가 제외된 깃발은 의미가 감소된 것이다. 일본의 아베 수상이 개막식에 참석함으로 상호 신경전을 벌이고 싶지 않겠다는 표현이라고 했다.

독도의 바위 위에 한국령임을 새긴 글자판

일본과
국제 사법 재판소

　　　　　　　　　　　　1998년 6월 22일 체결된 신한일어업협정은 독도 해역을 한국과 일본이 공동 관리하는 공동 수역으로 설정하여 일본이 독도를 자기네 땅이라고 국방백서에 명시하기 시작하였고, 초중등학교 교과서에 독도가 자기네 땅이라고 기술하여 가르치고 있다. 일본의 극우파는 마치 강박증 환자처럼 온갖 수단을 동원하여 독도에 대한 탐욕을 노골적으로 표출하면서, 그것도 강력하게 생떼를 부리는 단계에 이르렀다.

　이러한 일본의 움직임에 대하여 우리도 그에 대한 대응 방법으로 이명박 대통령이 전격적으로 독도를 방문하여 영유권에 대하여 확고함을 대내외적으로 선언하였다. 이것은 1954년 8월 10일 이승만 대통령이 독도 등대에 점화식을 가진 것과 비견할 만하다. 때마침 이명박 대통령은 이로부터 58년이 지난 2012년 8월 10일에 독도를 방문하였다.

일본은 독도 등대의 점화식 때에도 대내외적으로 예민한 반응을 보였으며 이번에도 극단적인 반응을 하며, 심지어는 국제 사법 재판소에 제소를 하겠다면서 일방적으로 서류를 송달하여 반송하는 국제적인 의전 절차에서까지 결례를 하였다.

국제 사법 재판관 중에는 일본 왕세자비의 아버지인 오와다 히사시가 근무하고 있어서 일본에 유리한 판결을 이끌어 낼 여지가 있음을 시사하고 있다. 이러한 이유로 일본은 갖은 수단을 다 동원하여 독도를 국제적 분쟁지역화 하려는 것이 제1차 목표인 것이다.

그러나 일본이 이러한 노력을 배가할수록, 역사적 고문서와 고지도를 찾으면 찾을수록 독도는 우리나라 땅이라는 증거가 명명백백하게 드러나고 있다. 이 뿐만 아니라 독도가 우리나라 영토라는 것은 일본에서 발행된 각종 지도에서 찾아 볼 수 있다. 이것은 움직일 수 없는 사실이다.

일본은 우익단체들의 무모한 선동과 데모, 각료의 신사참배, 미국을 비롯한 국제적 로비활동, 영향력 있는 각종 매체에 독도라는 명칭의 무력화 작업, 2013년에는 아베총리와 부총리의 신사참배, 나치망언, 군사 대국을 위한 헌법의 개정의지 등 참으로 우려스러운 행보를 하고 있다.

21세기의 정보 통신 기술(Information Technology)의 발달은 전 세계를 이웃나라로 만들고 있다. 또한 일본은 유엔의 안전보장 이사국이 되

동도에 우뚝 선 등대. 먼 바다에서 조업을 하는 선박이나 항해 중인 선박에게 아주 긴요한 시설이다. 부수적인 시설로 독도 경비대의 숙소, 태양광 발전 시설 그리고 담수화 시설 등이 있다.

려고 활약하고 있다. 그렇다면 이에 걸맞은 면모를 보여야 하는데, 바로 이웃하고 있는 나라와 분쟁을 일삼는다는 것은 어린아이의 불장난 같은 짓이 아닌가.

독도 연구의 필요성

독도 연구는 무엇보다도 해양학이라고 하겠다. 독도 연구의 방향과 실험 방법은 『독도와 동해 연구』(김기태, 2007)에서 기술한 바 있다.

근래의 독도에 대한 해양 연구를 대략 살펴보면, 1990년대 전후에는 독도 연구는 시대 정황상 실행할 수 없었다. 실제로 독도를 개방하여 다니게 된 것은 2000년대 가까이 되어 포항과 울릉도를 다니는 여객선이 관광객을 태우고 독도를 선회하는 데서부터 왕래의 물고가 트였다.

그러나 해양 연구와는 별개의 사안이었다. 그 당시 인접한 대학 수준의 연구 능력으로는 지리적으로 멀고 연구 기반이 취약하여 연구 활동을 하기에는 역불급이었다. 따라서 2000년대 이전에는 해상 실험이 아주 드물었다.

독도 근해의 해류인 쿠로시오 난류와 리만 한류 같은 해류의 연구는 기본적인 것이다. 이러한 해양의 흐름을 파악하면서 핵심적인 연구에 집중해야 한다. 해양의 기상적, 수문학적, 해양 물리학적, 해양 화학적, 그리고 해양 생물학적 여러 파라미터를 조사 연구하는 것이 해양과학의 기본이다. 다시 말해서 이 해역의 계절적 변화, 또는 년 중 변화 같은 물리, 화학, 지질, 생물학적 연구가 수행되어야 한다.

이러한 종합적 연구를 어느 한 연구기관이 하기는 어렵다. 따라서 전문 분야의 기관들이 적절하게 인력을 파견하여 공조하면서 꾸준히 연구하는 것이 중요하다. 이러한 연구체제를 잘 갖추고 있는 나라는 프랑스의 해양연구소에서 찾아 볼 수 있다.

우리에게는 우선 독도의 해양 연구를 위한 구심점을 만들어야 한다. 국가 발전과 국력를 보위하는 데 사명감이 있는 좋은 연구소가 필요하다. 이런 연구는 연구팀이 있어서 끊임없이 논문을 생산해낼 수 있어야 한다.

그리고 국제적 안목으로 독도 연구의 비전을 세우는 것이 좋다. 해양학적으로 국력이 신장되면 나라가 부강해지는 것이다. 이 해역의 자연현상을 파악하는 것은 국방이나 수산의 면에서 국력 신장이다. 세계 역사에서도 해양과학 기술의 발전이 막강한 국력으로 이어졌다.

대한 독립과
민족의 자존(自存)

　　　　　　　　　　일본의 악정과 철권통치로 우리 민족의 씨가 말라가는 상황에서 다시 나라를 세우고 독립국이 된다는 것은 조금도 기대할 수 없는 무망한 세월이 무려 35년이나 흐르면서 우리 민족은 극히 피곤하고 쇠잔하여졌다.

　그러나 조선의 독립은 일본이 제2차 세계대전에서 패망국으로 전락함으로서 이루어진 것이었다. 우리 민족의 힘으로 된 것이 아니고 어느 날 갑자기 하늘이 선물로 내려준 것과 같이 광명천지가 된 것이다.

　예상치 못한 독립이 갑자기 성취되면서 우리 민족이 자치적으로 자립을 하는 주체가 되는 데는 시간이 필요하였다. 무엇보다 독립을 수령할 절제되고 단결된 국민의 의식과 자세가 필요하였다.

　여기서부터 일시적이라고는 하지만 사회적인 혼란이 야기될 수밖에 없었다. 문제가 다발적으로 발생한 것은 일제가 35년 동안 우리 민족이 뭉치지 못하도록 계획적으로 갈등과 내분을 조성시켜서 갈갈이 찢어 놓은 식민정책의 결과이기도 했다.

이러한 흔적으로 일본이 부분적으로는 유화정책을 쓰기도 했다. 예로서 종교단체에 대하여 세금을 거두지 않았다. 이러한 일제의 잔재로 인하여 오늘 날에도 교회, 목사, 사찰, 승려 등이 면세를 받으려고 한다. 혹자는 일제 강점기에도 세금을 내지 않았는데 세금을 받아 내려고 한다고 비난하기도 한다.

국부가 없는 나라. 독립이 되고 광복을 하면서 이승만 정부가 초대 내각을 수립하였다. 그 당시에 식자들 즉 지식인이라고 하면 대개 일본에서 유학하였거나 공부한 사람들이었다. 정부 수립에는 새로운 사람들이 일본의 잔재를 씻어내고 내각에 참여하는 것이 원칙이었다.

그러나 실제 상황은 달랐다. 국가를 운영할 능력이 있는 사람들 중에는 일본 치하에서 공부한 사람들이 있었다. 이러한 사실로 인하여 이승만 정부는 친일파를 완전히 배재하지 못하였다고 폄하기도 한다. 극단적인 사람들은 친일정부라고 매도하며 이승만의 행각을 수십 개의 죄목으로 기소까지 하고 있다.

세계 어느 나라를 막론하고 나라를 세운 국부가 없는 나라는 없다. 동서양을 불문하고 나라를 세우는데 혁혁한 공을 세웠거나, 전쟁에서 승리하여 독립을 쟁취하였거나, 나라에 중흥을 도모하여 국민을 도탄에서 건져낸 위대한 인물은 국민의 존경을 받으며 국부로 칭송받는다. 이것은 당연한 국가발전의 기틀이다.

그런데 대한민국은 근세에 엄청난 민족의 수난 속에서 국가가 세워 졌고 그런 과정을 이끌어낸 위대한 인물이 있었음에도 불구하고 이념 의 갈등으로 국부를 정하지 못하는 것은 불행한 일이다.

또한 일제에서 벗어나 민족 자산이 거의 없고 극빈의 상태에서 오늘 날 같은 번영을 이끈 지도자는 국민의 존경을 받아야 한다. 그러나 자 유민주주의 국가에서 씨족사회의 근성, 노예근성 또는 빛바랜 이념의 갈등으로 나라가 사분오열로 갈라져 있는 것이다. 이와 같은 사분오열 의 갈등과 부정적인 사고방식도 일제의 잔재가 아직도 남아 있어서 그 런 것 아닌가 생각된다.

부록

독도 연구

1. Marine Ecosystem on Docdo and Ullŭngdo islands
- 1. History of Dokdo Island
- 2. The Nature and Geography of Dokdo Island
- 3. The Marine Ecology of Dokdo
- 4. The Marine Ecology and Fisheries of Ullŭng islands
- 5. Sovereignty Dispute over Dokdo between Korea and Japan

2. Biological Characteristics and Preservation of Dokdo Island
- 1. Flora and Fauna of Dokdo Island
- 2. Nature Preservation of Dokdo Island
- 3. Korean Sovereignty over Dokdo Island

1. Marine Ecosystem on Dokdo and Ullŭngdo Islands

Ki-Tai KIM

Dept. of Marine Resources, Graduate School, Yeungnam University
214-1 Daedong, Gyongsan 712-749, Republic of Korea

Abstract :

Dokdo is a volcanic island, and its formative geological age took place at the end of the Pliocene Epoch. Dokdo is located at 131 °52′33″ East longitude, and 37 °14′18″ North latitude, and is constituted of 87 islands. The total area of Dokdo is 0.186 km², and the length of its coastline is 4 km. Dokdo is a treasury of fish resources where many varieties of fish including squid and Alaska pollack live in abundance of greatest importance. Dokdo is a forward fishery base. Ullŭng island is located at 37°27′~37°33′ North latitude and 130°47′~130°56′ East longitude. The area of Ullŭng is 72.92 km² and the length of its seashore is 44.21km. The total marine product of Ullŭngdo(1995) is 9,066tons(M/T). The largest is squid, 8,900tons. For the sea area of the depths near the Ullŭngdo coast, that of 50m or less is 2,477 ha, and that of 50~100m is 1,471ha. This fact tells us that there is no extensive area of a very shallow sea, and that it is directly connected to the deep sea. Ullŭngdo is a treasury of marine bioresources with rich and varied fishes including squid and Alaska Pollack and many others.

Presently there is a sovereignty dispute over Dokdo between Korea and Japan. Since A.D.512, Dokdo has been a part of territory of Korea. Dokdo is a part of Kyungsang-Bukdo, Ullŭng-gun, Ullŭng-ŭp, Do-dong in the Korean administrative district division system. Japan strenuously claims sovereignty for significant economic reasons, including fishery rights, and has adhered to a contradictory position that "Dokdo is Japanese land" since Japan incorporated Dokdo into Japanese territory in 1905.

1. History of Dokdo Island

To begin with, we should make mention of the history of Dokdo and Ullŭngdo. Dokdo Island has been recognized as Korean territory since the era of Samkug (the Three Kingdoms), but it was so far away from land, and situated in such adverse conditions that it could not be put under control. But our ancestors who were filled with patriotism and bravery have continued to guard it.

Lee Saboo, a brave general and a great-great-grandchild of King Lemool, who was active in the reigns of Kings Ji-Júng, Pup-Húng and Jin- Húng was a very important figure. He conquered the Woosankug(Ullŭng do) in 512 A.D. (King Ji-Júng, the 13th year, early 6th C).

Dokdo has been part of our territory since then and was called Woo-Lŭng-Do since King Hyun-Jong of Korea. He could not conquer Dokdo militarily because Dokdo was too far away from the main land and the natives were very wild.

He sailed with ships full of wooden lions. He then threatened that if the natives didn't yield, he would let loose the wild beasts, and then kill the natives. Eventually, he forced them to surrender.

In the reign of King Sookjong of Chosun, An Yongbock was an outstanding person who actively oversaw Ullŭngdo and Dokdo which the government had put aside. When he sailed with his crew of 14 people, and an inspector in 1696, he discovered Japanese fishing smacks near Ullŭngdo. He then pursued them, reproving them for having invaded our territory.

He called himself "The guardian of Ullŭng and Usan" and visited the Sinemahyun of Japan, which issued an apology from the leader of Sinemahyun for the Japanese fishermen having invaded our territory.

But he was put under custody because he had violated the policy of causing an uninhabited island to raise international problems. (The Chosun Dynasty followed this policy to prevent criminals and fugitives from joining any rebel army which may have escaped to an island). Through his kind offices, the Aeto-Macboo allowed the chief of the Daemado to send a document which announced the prohibition of the entry and exit of Japanese fishermen to and from Dongleboo in the Chosun Dynasty, and reported to the government of Chosun that Ullŭngdo and Dokdo were islands native to Korea.

Recently Hong Soonchil, the head of heroic guards of Dokdo, defended Dokdo by recruiting "The Righteous Army of Our Age". The Japanese secretly invaded Dokdo during the Korean War, and destroyed a memorial stone which consoled the fishermen of Ullŭngdo who had been sacrificed in the practice bombardment of a U.S. Air Force plane near Dokdo in 1948 and then they put up a sign which read: "The Japanese mountain pass." Hong Soonchil organized "The Guard of Dokdo" by recruiting retired soldiers from Ullŭngdo in April, 1953, to guard Dokdo securely, and was supplied with equipment including trench mortars, carbines, M-16, and ten-

Plate 1. A view of Dokdo, the main island which consists of an East Island and West Island.

Plate 3. The Korean national flag was laid in concrete on the East Island of Dokdo.

Plate 2. A seal which reads "Korean Territory" in Chinese charac- ters was carved onto a stone face on Dokdo.

Plate 4. An administrative vessel of Ullung-County conducting oceanographic experiments is anchored alongside the pier at Dokdo.

thousand rounds of ammunition to defend Dokdo completely.

Choi Jongduc had been back and forth to catch fish near Dokdo since 1965. As soon as the Japanese asserted their sovereignty in 1980, he moved his residence registration to Dokdo. He then placed underwater stores, developed a special net and method of ear-shell fertilization, and discovered a wall-Moolgol-on the West Island; doing his best for the development of Dokdo. He died as a result of a cerebral hemorrhage in 1987.

Plate 5. An administrative vessel of Ullung-County conducting oceanographic experiments as it circles the sea around Dokdo.

Plate 8. A spectacular scene on Dokdo: the view of the ocean and the soaring seagulls (black-tailed gull) is extremely beautiful.

Plate 6. A scene of pollutants which have washed up on the coast of Dokdo due to the strong currents which bring up human sewage from the ocean below.

Plate 9. A view of the many varieties of grasses which grow natural- ly on Dokdo. The vegetation (flora) is quite beautiful, through the number of varieties is neither great nor extensive.

Plate 7. Chlorophyta, Phaeophyta and Rhodophyta grow naturally
in the waters off the coast of Dokdo.

Plate 10. *Lysimachia mauritiana* which grow naturally on Dokdo.

2. The Nature and Geography of Dokdo Island

Dokdo is located at 131 °52′33″ East longitude, and 37 °14′18″ North latitude and is constituted of 87 islands including the East and West Island, 31 small islands, and 56 sunken-rock islands.

The total area of Dokdo is 0.186km²; the length of its coastline is only 4km. And it is just 175.7m between the East Island and West Island. The area of the East Island is 0.07km² : and the elevation is 98m, while the area of the West Island is 0.11km², and the elevation is 168m.

Dokdo is part of Kyungsang-Bukdo, Ullŭng-gun, Ullŭng-ŭp, Do-dong in the Korean administrative district division system. It is 215km from the Uljin-gun, Joocbyun – the shortest point on the East Sea – 92km from Ullŭngdo, and 262km from Pohang.

Dokdo is a volcanic island and its formative geological age was at the end of the Pliocene Epoch, from the close of the 3rd to the beginning of the 4th Cenozoic Era. The constituent rock is volcanic conglomerate, and the mushroom rock layer is oppressive at the top, while the pyroclastic layer is oppressive in the middle and bottom. Dokdo is an eruptive volcanic island which erupts from the deep sea 2,000m or more. The crater is on the East Island and a part of the crater is on the surface, so the sea water enters and leaves through it.

This island is the manhood or ultra-manhood geological type. The whole island is composed of a cave and searock, with no river, plain, sand, or gravel. So it is impossible to use as land or to obtain underground water or surface water. Underground water flows out of the bottom of the rock crack on the west end of the West Island, but it is too salty to use as drinking water.

The Nature Preservation Association of Korea has investigated the biota of Dokdo, but it is fragmentary and done only in the summer. There has been no systematic or comprehensive investigation of the seasonal variation of the marine ecosystem up to now.

To summarize the scientific investigation papers which the ecologists of Korea have researched and published: the plants living on Dokdo are of 31 families, 50genus, 69species, and 6 variants; a total of 75 kinds. About 20 types: the plantain, the Japanese silverleaf and others have already been exterminated as stock. Just 50 kinds of plants survive now, so the flora is very poor.

The characteristic of the flora is that there are no trees; woody plants are rare, while the coastal plants which belong to the herbaceous genus are common. That is because the creative history of Dokdo is comparatively short, so there has not been enough accumulation of soil through weathering. The various conditions and time required for the maturity of the flora and the invasion of species is extremely limited because of the great distance from land.

On the ecological change step, it is at the first stage, while means difficult conditions for plants to survive in because of the powerful sea and is influenced by the wind and hard volcanic rocks.

As for the birds, the back-tailed gull, the stormy petrel, Seum-Se(bird, seum) and others, totalling 17 species, are designated as a precious natural resource and live by making nests. The black-tailed gull, which makes a sound like a cat crying, inhabits and propagates as a large group and is a resident bird. The stormy petrel has been confirmed to inhabit at times the coastline of the East Sea. One of the rare species, the Seum-Se, also inhabits there. Insects have been collected and categorized in 7 orders, 26 families and 37 species. There are not any animals living now on Dokdo.

3. The Marine Ecology of Dokdo

Dokdo, which is located in the central area of the deep sea section of the East Sea, is a treasury of fish resources where many kinds of fish including squid and Alaska pollack live abundantly. It has great value in its function as a wintering and resting place; as a tourist resort; and development base for underground resources under the sea bed. Actually, the amount of the catches around the fishing grounds of Dokdo influences the supply and demand of Korea.

The Curosio Warm Current and the Riman Cool Current cross at the seas adjacent to Dokdo. Dokdo has only a 4 km coastline, which runs in and out as a rias coast. Varied and rich fishes including the squid of the Daehwatoi fishing ground are caught in the fishing grounds of Dokdo.

Dokdo is a forward fishery base. The amount of the catches of squid was about 200,000 tons (live fish: 20,000 tons, fresh fish: 180,000 tons) last year (1995), but the amount of the catches off the Dokdo coast and the Daehwatoi fishing ground amounts to as much as 60% of the total. On the other hand, Dokdo is a forward base for catching small fish including the ray, and bastard halibut by drift net; red king crabs and shrimp by fish trap.

Presently the fishermen in Kyungbuk Province including Kangwondo and Kyungnam Provinces and Pusan work in the fishing grounds of Dokdo. A total of 200 fishing boats between 20~150tons go out fishing just from Pohang and in the case of the Jeudong harbor on Ullŭng Island, the forward fishery base, about 450 fishing boats including boats to catch squid go out fishing in the high-demand season.

The benthos: ear shell, conch, sea cucumber, ascidian, and others, live abundantly in the coastal area off Dokdo. The fishing villages of Dokdo and Ullŭngdo catch sea food of up to 8 tons off the Dokdo coast, earning about US $10,000.

The marine products department of Pohang and Ullŭngdo claim the Korean fishermen including the people of Ullŭngdo received direct earnings of about US $2 hundred million per year, as well as indirect earnings of about $4 hundred million, but these facts are simple numerical value of the amount of the catches off Dokdo. Actually, Dokdo is enormously commercially-viable as a territory and a forward fishery base.

The squid caught in abundance near Dokdo is one representative special product, as is the Alaska pollack which likes the cool water of the pelagos. These are very tasty and nutritious, and are the best-known main sea food products because of the large quantity of their catches. In addition, a variety of fishes including sardines, chub mackerel, saury, Japanese horse mackerel, yellow tail, tuna, globefish, Atka mackerel and cherry salmon are caught there. The benthos which live off the coast of Dokdo are shrimp, sea cucumbers, sea urchins, conches, mussels, and shells, which live in the natural uncontaminated waters.

As of now investigations have determined the number of species of algae as: bluegreen algae: 5 species, rhodophyta: 67 species, phaeophyta: 19 species, chlorophyta: 5 species and others for a total of 102 species; which are collected in this sea area. Observing their vertical distribution, there are in the following order: *Sp. green laver, Corallina pilulifera, Laurencia sp., Dictyopteris prolifera, sargassum sp.,* and sea oaks which grow thick as a forest on the bottom. These are designated as a precious natural product and laver, sea mustard, sea tangle, *sargassum sp.* and agar-agar which are used as a food, are a tasty sea food from these uncontaminated waters. The fur seal which lived there as a group until the early years of the 1940's moved to a habitat on Sakhalin or were exterminated because of bombing by the U.S. Air Force in 1948, and overfishing by the Japanese. But presently they have begun to appear again. It is said that Dokdo will once again become a habitat of the fur seal.

One person who knows the Dokdo ecosystem is of the opinion that we must prevent the destruction of nature, and need to designate a reservation for this natural ecosystem. Presently, many people are rushing to Dokdo, so the natural environment of Dokdo is being damaged. Indiscriminate and excessive development, or even misinformed protection could destroy the nature of Dokdo itself.

At this point in time, continued investigations and research of the ecological environment of its marine nature, both animal, and plant, is a basis to build up national strength. This means that basic science is needed to resolve the sovereignty dispute over Dokdo with Japan, which will determine who will effectively control the marine resources off Dokdo's coast, and will have an effect on the preservation of the marine ecosystem, the development of marine resources, marine sightseeimg, and other ventures at the same time.

4. The Marine Ecology and Fisheries of Ullŭng Island

Ullŭngdo located in the deep sea section of the East Sea with its heavenly blessed uncontaminated seas, is a treasury of marine bio-resources which have rich and various fishes including squid, and Alaska pollack and many others. Actually, a variety of marine products caught in the fishing grounds off Ullŭngdo influence supply and demand in Korea. On the other hand, the natural environment of Ullŭngdo is not only unique and beautiful but also functions as a wintering and resting place. Ullŭngdo is, also, of great significance as a development base for the underground resources underwater.

Ullŭngdo is located at 37°27′~37°33′ North latitude and 130°47′~130°56′ East longitude. This island, which belongs to Kyungbuk Province as an administrative district, is one of its counties. The area of Ullŭngdo is 72.92km² and the length of its seashore is 44.21km. The seashore is a rias type and smooth. The shape of the island is similar to a pentagon. It is 217km from Pohang. On the evidence of its diameter, the length from east~west is a little longer than that of north~south. It is about 10km. Ullŭngdo, located in the middle of a deep sea, is the peak of a huge marine mountain range whose height is 984m, "Sunginbong"

The climate is comparatively mild. The average temperature is about 12°C. The amount of rainfall and snowfall is 1,500mm per year. It's so abundant that trees grow thickly and plants are plentiful. It has an oceanic climate, so there are many rainy, cloudy, foggy and snowy days. It's not windy and has no high waves in the summer. In other seasons, it has heavy seas with heavy days amounting to 180 days per year. This restricts fishery activity.

Currently, one third of the total population, 3,249 persons out of a population of 11,102, is in the fishery industry. Most of the natives, jobs are in the fishery industry. Its principal function is as a fishery base.

As for fishing boats, according to the 1994 statistics there were 474 ships, a total of 5,183tons (15% of Kyungbuk's total of 34,284tons) on Ullŭngdo. All but 1 ship (1.07tons) are powered ships. Tonnage distribution is : 1~10tons: 350 ships, 10~50 tons: 70 ships, and 50tons or more: 25 ships. There are 29 ships under 1 ton and 6 ships of 100tons or more.

The total marine product of Ullŭngdo (1995) is 9,066tons (M/T). The largest is squid, 8,900tons. Additionally, there are sea urchins: 42tons, the common octopus: 32tons, fishes: 52tons, clams : 16tons, and marine algae: 5tons.

⟨Table 1⟩ The sea area by depth of the Ullŭngdo coast (Unit:ha)

	0~5m	5~10m	10~20m	20~50m	50~100m	Total
Ullŭng	366.3	311.6	492.8	1309.5	1447.9	3928.1

⟨Table 2⟩ The area of the fishing grounds and length of coastlines (Unit:ha)

	0~5m	5~10m	10~20m	20~50m	Total	length of coastline
Ullŭng	366	312	493	1310	2481	44
Uljin	1309	1013	2749	8972	14043	82
Yeungduk	1477	896	1360	4488	8221	53
Pohang city	1499	1936	4804	8117	16356	91
Kyungju city	381	436	804	7056	8777	33

The sea area of the depths near the Ullŭngdo coast can be found in table 1. The area of 50m or less is 2,480ha, and that of 50~100m is 1,448ha. This fact tells us that it is so deeply sloping that the Ullŭngdo coast is directly linked to the deep sea. The sea area by depth presented in tables 1 and 2 indicates an average by planimeter of 5 times and is from the fishing ground map of Kyungbuk, the coastal fishing ground inspection map of the National Fisheries Research and Development Agency: the basic marine map.

Comparisons of the coastal fishing grounds of Uljin-gun, Yeungduk-gun county in Kyungbuk, Pohang and Kyungju City with the costal fishing grounds by depth with Ullŭngdo are in table 2. The data of the two cities and two counties is very different from the data for Ullŭngdo County on a numerical value. It tells us that there are many oceanographic differences.

The coast line of Ullŭngdo is 44km, much longer than that of Kyungju City (33km), and shorter than that of Yeungduk-gun County (53km): but if we compare the sea area up to 50m deep: Kyungju City at 8,777ha, and Yeungduk-gun at 8,221ha, Ullŭng has only 2,481ha. This fact indicates that the length of the continental shelf of the Ullŭngdo coast is far shorter than the others.

There is no extensive area of the shallow sea, which is directly connected to the deep sea. It is this deep sea character which is related to the present fishery condition of Ullŭngdo County. So there aren't any "Jungchi" net fishing grounds in the sea area off the coast of the other counties or sea culture fishing grounds or coastal Gadoori culture farms. Because there aren't any ŏ cho (fishing banks) drop-off fishing grounds, the coastal fishing ground of Ullŭngdo is pure nature itself. On the other hand, the fishing grounds don't develop because the stream of the ocean current is too strong and there are many typhoon days. These marine environments create many difficulties and an excessive cost for the construction of a harbor and breakwater.

5. Sovereignty Dispute over Dokdo between Korea and Japan

What is the reason that Japan incessantly asserts its sovereignty over Dokdo at every opportunity? The Japanese government has asserted its sovereignty over Dokdo through an accumulation of political and diplomatic justifications from the beginning. Whenever a sensitive diplomatic issue such as the past history between Korea and japan or the problem of North Korea emerges, Korea is bitterly criticized. But the past Korean government simply refuted these claims with no counter-moves against the assertions of Japan.

Primarily, Japan strongly claims sovereignty because of the fishery rights. The Korean opinion is that Dokdo has been our land since Lee Saboo subjugated the Woosankuk in the Silla Dynasty. However, Japan has continuously asserted its sovereignty because of enormous economic reasons including fishery rights and has adhered to a baseless position that "Dokdo is Japanese land" since Japan incorporated Dokdo into Japanese territory in 1905 without any foundation, saying it was "ownerless land which Korea had thrown away."

In particular, many Hyun (a kind of city) on the East Coast of Japan including Sinema Hyun which set up a sisterhood relationship with Kyungsangbukdo in Korea take the position of never giving it up because Japanese fishermen require the safety of working adjacent to Dokdo. So the recognition of Dokdo as Japanese territory has spread.

Eventually it has taken root in the consciousness of the Japanese. An unfounded stubbornness has given place to a kind of conviction in proportion to the passing of time and the resulting actual profits. So it is very difficult to solve the problem of Dokdo which is analogous to a twisted thread.

From the beginning, Japan tried to solve the Dokdo problem through the International Court of Justice using its extensive national power as a basis. But Korea did not reply to this, and Japan backed out taking the position of accepting fishing by Korean fisherman off the coast of Dokdo. Though Japan has made a concession in its own way to the Korean position, it is the same as taking another's property and then allowing them to use it. Japan, also, proposed the joint ownership of Dokdo, but, of course, it was not worth Korea's while to consider this at all. The Japanese reason to adhere especially to Dokdo is found in its relationship with other countries in the region. Japan has strongly requested the return of the northern 4 islands (the Kuriles) from Russia since the old Soviet Union disappeared. Japan also has brought up the sovereignty dispute over the Senkaku chain of islands with China. In contrast to Dokdo, Japan has possession of Senkaku now, but China still asserts its sovereignty over Senkaku.

It's a very difficult situation since the problem of who has sovereignty over Dokdo has international ramifications for the Japanese government to work out. The Japanese government is attached to their claim of sovereignty over Dokdo with its implications for the Senkaku chain of islands and the return of the northern 4 islands (Kuriles) in its dispute between China and Russia.

It is imperative that the Korean government build a marine institute on Dokdo where it would be beneficial to maintain research and to combat this unjustified claim.

If Korea didn't stake out Dokdo in its EEZ of 200 nautical miles, it would be blamed by the Japanese, also. First of all, it is suggested that entry to Dokdo be made easier so that it can be accessible to ordinary people or students for nature research as a part of their education. Of course, it must not be forgotten that in the defense of Dokdo we have to know more about its history, ecology and economy than any other nation. This should be part of a general plan to establish control.

References

Ji C.K., 1979. Peace line (between Korea and Japan), Pumusa, pp.1~642.(in Korean)

Ji C.K., 1990. History of the Fishery Dispute between Korea and Japan, Hankooksusan shinmunsa, 2nd ed., pp.1~648.(in Korean)

Kim H.H., 1996. Dokdo, Korean Territory, Simon Publishing Co., pp.1~278.(in Korean)

Kim K.-T., 1996. Brief History of Dokdo. Hyundaihaiyang 318 : 128~131.(in Korean)

Kim K.-T., 1996. Marine Ecology and Fishery of Dokdo and Ullŭngdo Islands. Hyundaihaiyang 319 : 90~93. (in Korean)

Shin Y.H., 1996. Dokdo, Treasure of Korean Territory, Gishiksanupsa, pp.1~213.(in Korean)

Shin Y.H., 1996. History of Korean Territory of Dokdo, History of Dokdo as Korean Territory, Gishiksanupsa, pp.1~337.(in Korean)

2. Biological Characteristics and Preservation of Dokdo Isand

Ki-Tai KIM

Marine Science Institute, Yeungnam University, Gyongsan 712-749, Korea

Abstract:

Dokdo, which is located in the middle of the East Sea, is a small island with a total area of $0.186km^2$. However, this small island, with its mild oceanic climate, has rich bio-resources and picturesque natural surroundings. Dokdo in the crystaline waters and in the central area of the deep sea is a treasury of algaes (sea oak, sea mustard, gulf weed, laver, agar-agar, *etc.*), molluscs (squid, ear shell, conch, *etc.*) and fishes (Alaska pollack, anchovy, saury, herring, *etc.*) On the other hand, there are a lot of grasses and various kinds of grasses on the land of Dokdo. And a lot of backtailed gulls (about 20,000 individuals) live on this island. There have been disputes on the sovereignty over Dokdo between Korea and Japan. Japan has claimed sovereignty over Dokdo since Japan incorporated the island into Japanese territory in 1905 when it occupied the Korean Peninsula by force. Korea governed Dokdo not only before 1905 but also after its liberation in 1945. The Korean government, while heavily financing building facilities like piers and quays, is endeavoring to preserve the natural surroundings of this island.

1. Flora and Fauna of Dokdo Island

Dokdo is a very small island located in the middle of the East Sea with an area of over one million km² and an average depth of 1,360m. Dokdo is composed of 36 islets and 56 sunken rocks. This island was formed by the upthrust of an underwater mountain.

The coastal waters off Dokdo abound in seaweeds including sea oak designated as a precious natural resource. The various seaweeds growing here present quite a spectacle: *Eisenia bicyclis* (sea oak), *Undaria pinnatifida* (sea mustard), *Ecklonia stolonifera*, *Sargassum fulvellum* (gulf-weed), *Porphyra tenera* (laver), *Porphyra suborbiculata* (laver), *Gelidium amancii* (agar-agar), *Gigartina tenella* (seaweed tenella), *Codium fragile* (sea ataghorn), *Ulva pertusa* (sea lettuce), *Laminaria japonica* (kelp) (Shin, 1998; Kim, 2001).

A variety of fish resources are found in the coastal waters off Dokdo. Many kinds of fish resources are caught in large quantities here: of Mollusca, *Ommastephes sloami pacificus* (common squid), *Paroctopus doflini* (octopus), *Turbo cornutus* (turban shell), *Hariotis discus hannai* (abalone), *Mytilus crassitesta* (sea mussel); of Echinodermata, *Stichopus japonicus* (sea cucumber), *Hemicentrotus pulcherrimus* (sea urchin); of Fishes, *Theragra chalcogramma* (Alaska pollack), *Engraulis japonica* (anchovy), *Cololabis saira* (saury), *Sardinops melanostictua* (sardine), *Clupea pallasii* (herring), *Scomber japonicus* (mackerel), *Trachurus japonicus* (horse mackerel), *Seriola quinqueradiate* (yellow tail), *Gadus macrocephalus* (pacific cod), *Oncorhynchus masou* (trout), *Oncorhynchus keta* (keta salmon), *Euthynnus pelamis* (skipjack tuna), *Stephanolepis cirrhifer* (file fish), *Takifugu prophyreus* (globefish), *Takifugu rubripes* (tiger puffer), *Limanda herzensteini* (flounder), *Oplegnathus fasciatus* (rock bream) (Shin, 1998 ; Kim, 2001)

Owing to the mild oceanic climate, Dokdo, except for the rocky area, is covered with various kinds of grass, which adds to the beauty of the island's scenery: *Sedum orizifolium, Aster spathulifolius, Chenopodium album* var. *Centrorubrum, Sonchus brachyotus, Chrysanthemum Zawadskii* var. *latilobum, Polygonum aviculare, Digitaria sanguinalis, Portulaca oleracea, Echinochloa crus-galli, Lysimachia mauritiana, Calamagrostis epigeios, Spergularia marina, Sorghum nitidum* var. *majus, Miscanthus sinensis, Agropyron tsukusiense var. transiens, Imperata cylindria* var. *koenigii* (Plates 1-9).

Plate1. *Aster spathulifolius and Chrysantheman zawadskii var. latelobum*

Plate2. *Sedum oryzifolium*

Plate3. *Pinus thunbergii, Imperata cylindria var. koenigii and Sorgh- um nitidum var. majus*

Plate4. *Chinopodium album var. centrorubrum*

Plate 5. *Sonchus brachyotus*

Plate 6. *Calamagrostis epigeios*

Plate 7. *Polygonum aviculare*

Plate 8. *Digitaria sanguinalis and Portulaca olera- cea*

Plate 9. *Echinochloa crus-galli and Spergularia marina*

Plate 10. *The sea and the coastline of Dokdo. The grass and the seagulls are shown.*

Plate 11. *Eisenia bicyclis which grow in the marine forest in the seas off Dokdo. It has been designat ed as a nature preserve.*

Plate 12. *Degradation of Chlorophyta and Phaeop hyta in the coastline of Dokdo.*

About 20,000 back-tailed gulls, designated as a precious natural resource, live on this island. They also add to the fantastic scenery of this island. The back-tailed gull is the resident bird of this island, nesting almost everywhere in Dokdo.

Warm and cool currents cross off the steep rias coast of Dokdo, and numerous varieties of fish are caught in large quantities in the fishing grounds near Dokdo. So it works as an important forward fishery base administering efficient control of marine resources. It also can be developed as a base of underwater mineral mining, the harborage of fishing boats, and a marine resort.

It can be concluded that Dokdo, presenting quite spectacular scenery by soaring abruptly from under the waters, is a treasury of marine resources (Plates 10~12).

2. Nature Preservation of Dokdo Island

The Korean people and their government recognize the importance of Dokdo. At present quite a few policemen and security guards are stationed on Dokdo. It is true that frequent visits by academic investigators and tourists are gradually ruining the natural scenery of this island.

"Senseless development" and the "overprotectiveness" of Dokdo even before overall investigations are made may accelerate the ruin of this island. In this connection, the writer wishes to make some suggestions for the preservation of Dokdo.

1) Combustible rubbish is burnt on the island. But smoke from the burning rubbish defaces rocks, and, though not severely, pollutes the air and waters.

2) Incombustible rubbish is carried away to rubbish disposal facilities on the mainland. But some of it remains on the island to pollute the clear waters.

3) Rotten potatoes, sweet potatoes, oranges, apples and kitchen refuse are put into decomposable sacks and dumped into the clear waters. These sacks, though easily decomposed, may eventually pollute the waters if they are dumped continuously.

4) The garbage matter floating from the decomposed sacks accumulate on the coast and deface the scenery.

As the natural purification of polluted waters takes a long time, even the decomposable garbage should be carried away to garbage disposal facilities on the mainland. The continued burning and dumping of garbage may eventually pollute the surroundings of Dokdo.

3. Korean Sovereignty over Dokdo Island

Korea and Japan should maintain a friendly relationship as neighboring countries. However, when Korea was suffering from its worst economic depression, Japan onesidedly broke the fishery agreement between Korea and Japan in an attempt to catch more fish though it had already secured a large fishing quota as one of the biggest maritime countries.

There arose a controversy on the sovereignty over Dokdo while the two countries were locked in a dispute about the fishery zone. The Japanese began to claim sovereignty over Dokdo on the grounds that the island is located in the joint fishery zone.

Dokdo has been a territory of Korea since it was liberated from Japanese rule 50 years ago. The Korean government officially stationed policemen there. Recently, the Korean government supplied a large sum of money to build facilities like quays and piers, and made it a forward fishery base.

However, Japan still maintains sovereignty over Dokdo because, internationally, it is still considered to be a no-man's island.

The Japanese have claimed sovereignty over Dokdo since it incorporated the island into Japanese territory in 1905 when it occupied the Korean Peninsula by force. However, their claim is not based on international law or reliable historical records, but on the forgery that Dokdo has been an uninhabited island deserted by Korea. Now Japan, with its superiority of economic power, tries to exploit exclusively the rich marine resources off the coast of Dokdo.

So it is necessary for Korea to claim sovereignty over Dokdo internationally by having Dokdo inhabited by Korean people. Though the Korean government has stationed quite a few Koreans on the island, the Korean inhabitance there has not yet been internationally recognized. To obtain international recognition of Dokdo as an island inhabited by and belonging to Koreans, the following requirements should be satisfied.

1) Dokdo should have residents of more than two families with residence registrations issued by the government. Recently, Koreans were enraged by the Japanese attempts to move some fisherman from Simane Hyun (a kind of province) to Dokdo. In response, many Koreans volunteered to live on Dokdo. However, the more Koreans live in

Dokdo, the more rapidly the natural surroundings of the island will be damaged. For the same reason, the Korean government should station a minimum number of policemen and guards.

2) Drinking water should be produced in Dokdo. This may prove that Dokdo is an inhabited island. Fortunately, there is a fountain called 'Mulgol' on the West Island of Dokdo. Underground water wells out from the rock cracks on the west coast of the West Island. Though the water is mixed with salt water, it is possible to develop this fountain as a source of its drinking water supply.

3) It is important that we should grow trees on Dokdo. The soil of Dokdo is very sterile because it is a volcanic island. However, in May or June, though somewhat windy, the mild climate, rainfall, and sunshine are enough to cover the island beautifully with a variety of grasses. We should discover through research how to grow those kinds of trees such as black pines that can adapt well to the climate of Dokdo.

The above requirements should be satisfied to obtain international recognition that Dokdo belongs to Korea. We should take reasonable and flexible policies concerning our sovereignty over Dokdo. In this connection, it is desirable to render the fishing rights off the coast of Dokdo, which now belong to the residents of Ullŭngdo, to the several families who wish to live on Dokdo. Any future residents on the island will lead a satisfactory life by engaging in fishery.

Reference

Kim, K.-T. 1996a. Brief History of Dokdo, *Hyundaihaiyang* 318: 128~131 (in Korean).

Kim, K.-T. 1996b. Marine Ecology and Fishery of Dokdo and Ullŭngdo Islands. *Hyundaihaiyang* 319: 90~93. (in Korean)

Kim, K.-T. 2001. Marine Ecosystem on Dokdo and Ullŭngdo Islands. Korean J. Ecol., 24(4): 245~251.

Shin, Y.H., 1998.Marine Resources and Fishery on Dokdo Island. *Dokdo Research Association. Dokdo Res. Ser.* 4 : 1~254.

참고 문헌

김기태, 1983, 독보적인 해태의 영양분, 「현대해양」, 156 : 61쪽.

김기태, 1984, 적조현상(Red Tide), 「자연보호」, 7(1) : 18~19쪽.

김기태, 1984, 적조현상(Red Tide), 「자연보호」, 7(2) : 14~15쪽.

김기태, 1989, 동해는 어떻게 활용되고 있는가, 「현대해양」 228: 62~66.

김기태, 1989, 바람, 물꽃, 어황, 「현대해양」 231: 74~78.

김기태, 1990, 어느 어촌의 자연환경 조사-영일군 장기면의 경우, 「현대해양」 241: 36~40.

김기태, 1991, 경북의 어촌과 관광개발, 「어항」 16: 84~85.

김기태, 1991, 동해 남부역에 해양연구소를 세우자, 「현대해양」 259: 81~87.

김기태, 1992, 동해의 잠재력과 연구의 필요성, 「현대해양」 264: 26~27.

김기태, 1992, 해양 생태계와 Blue Belt의 조성, 「수산계」 40: 84~89.

김기태, 1992, 대게 자원의 보호, 「자연보호」 15(5): 23~25.

김기태, 1992, 경북의 양식 어업과 그 전망-바다를 양식장으로, 「새어민」 294: 126~129.

김기태, 1992, 연안어장의 자원번식과 보호-인공어초로 먹이사슬을 만들어 줘야 자원이 늘어난다, 「새어민」 295: 119~121.

김기태 외, 1992, 2000年代 東海岸 沿岸漁場 開發에 對한 基礎 海洋環境 調査, 『경상북도 연구보고서』, 1~172.

김기태, 1992, 『東海 南部 海域의 硏究』, 영남대 출판부, 1~260.

김기태, 1993, 『해양 생산과 오염』, 영남대 출판부, 1~219.

김기태, 1996, 동해의 심해자연과 해양생물,「새어민」333: 130~133.

김기태, 1996, 독도의 해양생태,「주간한국」1635: 46.

김기태, 1996, 독도의 수비야사와 자연,「현대해양」318: 128~131.

김기태, 1996, 울릉도·독도해역의 어업과 해양생태,「현대해양」319: 90~93.

김기태, 1997, 깨끗한 바다 가꾸기 韓日共同研究-영일만과 이에 인접한 동해역의 해양생태학적 조사연구,『경상북도 연구보고서』, 1~373.

김기태, 2000, 독도의 바다자연과 국토관리,「어항」53: 70~72.

김기태, 2002, 독도의 자연보호와 영토권,「현대해양」384: 72~75.

김기태, 2003,『해양 생물학』, 영남대 출판부, 1-245.

김기태, 2007,『독도와 동해연구』, 탐구당, 1~239.

김기태, 2008,『세계의 바다와 해양생물』, 채륜, 1~462.

김기태, 2009, 독도 제대로 알기 – 독도의 명칭과 기후 요인,「News post」: 16-17.

김기태, 2009, 독도 제대로 알기 – 독도의 해류,「News post」: 16-17.

김기태, 2009, 독도 제대로 알기 – 독도의 수문학적 성격,「News post」: 16-17.

김미경, 김기태, 2000, 울릉도 독도의 해조류연구: 1. 해조류의 종조성 감소와 해조상의 변화, Algae, 15(2): 119-124.

독도연구보존협회, 1998, 독도인근해역의 환경과 수산자원보존을 위한 기초연구, 독도 연구 총서, 4: 1-254.

정문기, 1977,『한국어도보』, 일지사, 1-727.

정지안, 조은영, 차재훈, 김미경, 김기태, 2000, Korean J., Environ, Biol., 18(4) : 424-440.

KIM K.-T., 1979. Contribution à l'étude de l'écosystème pélagique dans les parages de Carry-le-Rouet (Méditerranée nord-occidentale). 1. Caractères physiques et chimiques du milieu. Téthys, 9(2) : 149~165.

KIM K.-T., 1980. Ibid. 2. ATP, pigments phytoplanctoniques et poids sestonique. Téthys, 9(3) : 215~233.

KIM K.-T., 1980. Ibid. 3. Composition spécifique, biomasse et production du microplancton. Téthys, 9(4) : 317~344.

KIM K.-T., 1981. Le phytoplanction de l'étang de Berre: Composition spécifique, biomasse et production: Relations avec les facteurs hydrologiques, les cours d'eau afférents et le milieu marin voisin (Méditerranée nord-occidentale). Thèse Doctorat d'Etat Univ. Aix-Marseille Ⅱ, 1~474.

KIM K.-T., 1982. Un aspect de l'écologie de l'étang de Berre (Méditerranée nord- occidentale): les facteurs climatologiques et leur influence sur le régime hydrologique. Bull. Musée Hist. nat. Marseille, 42 : 51~68.

KIM K.-T., 1982. La température des eaux des étangs de Berre et Vaine en relation avec celles des cours d'eau afférents et de milieu marin voisin (Méditerranée nord-occidentale). Téthys, 10(4) : 291~302.

KIM K.-T., 1983. Production primaire pélagique de l'étang de Berre en 1977 et 1978. Comparaison avec le milieu marin (Méditerranée nord-occidentale). Mar. Biol., 73(3) : 325~341.

KIM K.-T., 2001. Marine ecosystem of Dokdo and Ullŭngdo Islands. Korean J. Ecol., 24(4) : 245~251.

KIM K.-T., 2002. Biological characteristics and preservation of Dokdo Island. Korean J. Ecol., 25(1) : 59~62.

KIM K-T., 2004. Principale relations between biomass and production of phytoplancton and physicocheimical factors in two eutrophic lakes of the Mediterranean Sea. Korean J. Environ. Biol. 22(1) : 227~232

KIM K.-T., 2004. Ecosystème de l'Etang de Berre (Mediterranée nord-occidentale) : caractères physiques, chimiques et biologiques. Korean J. Environ. Biol. 22(2) : 247~258.

KIM K.-T., LEE H.C., YOO K.I., PAIK E.I., LIM K.B., PARK S.R., LEE D.C., YOON Y.Y., KIM I.G., CHOI E.J., AHN Y.H., 1988. Ecosystem on the Gulf of Yeong-il in the East Sea of Korea. 1. Introduction of physio-chemical and bilogical studies. Marine Nature, 1 : 59~67.

KIM K.-T. et TRAVERS M., 1995. Utilité des mesures dimensionnelles et des calculs de surface et biovolume du phytoplancton : comparaisons entre deux ecosystèmes différents. Marine Nature, 4 : 43~71.

KIM K.-T. et TRAVERS M., 1995. Apport de l'étude des chlorophylles et phéopigments à la connaissance du phytoplancton de l'étang de Berre et des eaux douces ou marines voisines (Méditerranée nord-occidentale). Marine Nature, 4 : 73~105.

KIM K.-T. et TRAVERS M., 1997. Les nutriments de l'étang de Berre et des milieux aquatiques contïgus (eaux douces, saumâtres et marines ; Méditerranée NW). 2. Les nitrates. Marine Nature, 5 : 35~48.

KIM K.-T. et TRAVERS M., 1997. Les nutriments de l'étang de Berre et des milieux aquatiques contïgus (eaux douces, saumâtres et marines ; Méditerranée NW). 4. Les nitrites. Marine Nature, 5 : 65~78.

TRAVERS M. et KIM K.-T., 1985. Comparaison entre plusieurs

estimations de biomasse phytoplanctonique dans deux milieux très différents. Rapp. Comm. int. Mer Médit., 29(9) : 155~157.

TRAVERS M. et KIM K.-T., 1997. Les nutriments de l'étang de Berre et des milieux aquatiques contïgus (eaux douces, saumâtres et marines ; Méditerranée NW). 1. Les phosphates. Marine Nature, 5 : 21~34.

TRAVERS M. et KIM K.-T., 1997. Les nutriments de l'étang de Berre et des milieux aquatiques contïgus (eaux douces, saumâtres et marines ; Méditerranée NW). 3. Rapport N/P(N-NO3 / P-PO4). Marine Nature, 5 : 49~64.

TRAVERS M. et KIM K.-T., 1997. Les nutriments de l'étang de Berre et des milieux aquatiques contïgus (eaux douces, saumâtres et marines ; Méditerranée NW). 5. Les Silicates. Marine Nature, 5 : 79~91.

YOON H.J., Lee D.C., Kim K.-T., 1998. Phenomena of Temperature inversion in the East Sea of Korea. Marine Nature, 6 : 67~73.

에필로그

독도 연구의 시작

프랑스에서 연구 생활을 마치고 대학으로 정착한 것은 어쩌면 환상적일 수 있었다. 그 당시 우리나라에서는 해양학이 거의 태동하지 않던 시절이었다. 그 당시 영남 대학교는 재정이 튼튼하고 민족의 정기를 구현한다는 건학이념이 있었으며 해외에서 교수들을 영입하기 위하여 노력하던 시절이었다.

우리나라의 동해는 지중해처럼 내해이면서 심해이며 거의 비슷한 위도에 위치한 해양이어서, 지중해에서 연구하던 패턴을 그대로 계속하고 싶었다. 연구 생활을 실현할 수 있는 최적의 대학이라고 생각하였다.

독도를 품고 있는 동해 연구는 애국이라는 신념을 가지고 있었다. 그 당시 영남대학교는 발전하고 있었으며 무엇이든지 해낼 수 있는 진취적인 대학교로 알려져 있었다.

어느 분야든 초창기에는 누군가 투철한 신념을 가지는 것이 필요하다. 신념이 있고 실천할 의지가 있다면 언젠가는 이루어지기 마련이다. 열과 성을 다하여 연구 분위기를 만들려고 노력하면 이루어질 것으로 믿었다.

다른 한편으로 성실한 학생들을 만나 마음껏 가르치며 좋은 논문으로 빛나고 싶었다. 그러나 현실은 대단히 달랐다. 대학교수의 초빙은 내세우는 내용과는 전혀 달랐다. 학력이나 연구 논문의 양이나 질로 대학을 선택할 수 있을 것이라는 것은 착각이었다. 학계는 부패한 관행 속에 있었고 학생의 학업 여건이나 수준은 대학마다 차이가 컸다.

영일만은 실험 대상지로서 적당하였다. 비록 바다와 접하지는 않았지만 70-80여km의 거리가 멀다고 할 수는 없다. 새로운 바다를 새롭게 대한다는 것은 고무적이며 해양학의 베이스캠프가 될 수 있다는 생각이 들었다.

영일만을 연구하면서 주변의 해역을 추가로 연구하게 되었고 장기면 신창리를 만나게 되었다. 그 당시 신창리는 문명의 발길이 닿지 않는 자연 그대로의 어촌이었다. 이 지역은 조선 시대에는 3대 귀양지 중의 한 곳이었다.

프랑스에서는 바니울스 쉬르 메르(Banyuls sur Mer), 니스(Nice) 또는 로스코프(Roscoff) 같은 곳에서 파리대학교의 부설 임해연구소를 대단히 활발하게 운영하고 있었다. 이들 연구소는 이미 수백 년 전에 해양학에 눈을 뜬 대학교수들의 노력으로 설립된 연구소들이다. 이 지역의 주민들은 연구 활동을 적극 지지하며 좋은 연구가 이루어지도록 협력하여 지역사회를 명소로 발전시킨 것이다.

우리나라는 시기적으로 뒤지기는 했어도 가능하다는 생각이 들었다. 아무것도 없는 황무지 같은 땅이라고 해도 발을 붙이고 연구를 하다 보면 조금씩 지역도 발전하고 학문이 정착할 것으로 생각했다.

일본이 빠른 속도로 해양학을 발전시킨 것을 감안하면 우리는 더욱 박차를 가해서 연구 분위기를 조성하고 활성화해야 한다는 응원이 있을 줄 알았다. 지극히 어려웠던 일제 시절과 6.25 전쟁을 겪고 난 우리는 해양학의 발달이 국력이라는 것을 적극 지지할 것으로 생각했다.

잘못 떨어진 씨앗은 싹이 트거나 열매를 맺을 수 없는 것과 마찬가지로 해양학의 중요성이나 의미를 깡그리 무시하는 풍토에서 연구 생활을 한다고 허우적거린 30여 년은 참으로 허망하기 짝이 없는 호구지책에 불과하였다.

해양학을 하기에 입지조건이 나쁘지 않은 자연환경에서 그것도 애국적인 소견을 가졌음에도 불구하고 주민들의 생떼나 탐욕, 그리고 대학사회의 집단 이기주의의 질투가 심하여 정착하지 못한 것은 애석하다.

신창리에 심혈을 기울여 임해연구소를 세우려고 부지를 마련하고, 어류 표본을 만들고, 양식을 하며, 배양장까지 마련한 것은 획기적인 노력이 아닐 수 없었다. 여기까지가 노력의 한계였다.

동토대에서 싹이 발아하지 않는 것은 어쩔 수 없었다. 마치 가을의 싸늘한 바람에 떨어지는 낙엽처럼 꿈은 사라졌다. 이것이 인간의 세상이고 현실이었다.

해양 연구소의 설립과 발전은 학문의 수준이나 주민의 의식 수준에 달려 있는 것이다. 해양 연구소가 무슨 구제 기관도 아니며 무슨 생산 공장도 아니다. 어디에서 화수분처럼 무슨 재원을 끌어들여 지역사회를 발전시키고 학교를 윤택하게 할 수 있는 것이 아니다. 연구소의 태동은 시기상조였다. 아무리 외쳐도 아우성에 불과하였다.

갈매기

바닷가 폭풍의 언덕에
홀로 떠도는 갈매기
태풍 속에 휘말린다.

일렁이는 격한 파도와 물보라
들리면서도 듣지 못하며
보면서도 보지 못하는
더 얹을 수도 감할 수도 없는
대 서사시가 펼쳐지고 있다.

하늘과 바다가 맞닿아
세상 끄트머리까지도
삼켜 버릴 듯한 사나운 광풍.

한 점 같은 저 갈매기
허공에 매달려서
목숨 걸고 춤을 추고 있다.

절해의 하얀 격랑의 바다
세상의 하소연이나 사연이
들리지 않는 바다자연일 뿐.

그래도 희망을 찾아서

반만년의 유구한 역사와 함께 우리 민족은 옛날이나 지금이나 변함없이 정을 나누며 때로는 미워하면서, 가슴 따뜻하게 그리고 아름답게 살아가고 있다. 그런데 우리의 역사 속에 아마도 잡음이 없고 위기가 없었던 때가 있었나 하는 생각을 하게 한다. 이미 앞에서 언급했지만 우리 민족에게는 자연지리적 유전적 두드러진 장점이 있다.

무엇보다, 우리 국민은 머리가 아주 명석하다. 이것은 가장 커다란 장점인 동시에 우수성이라고 하겠다. 세계 도처에서 뛰어난 능력을 발휘하고 훌륭하게 살아가는 한국인이 많이 있다. 그 중에는 우수한 과학자도 있고 경영자도 있다. 이것은 무엇보다도 머리가 좋아야 가능하다. 우리는 이를 뒷받침하는 생활도 한다. 어려서부터 소리글인 한글을 배우고 손가락을 정교하게 사용하는 젓가락질을 생활화 하면서 두뇌 발달을 실천하며 유지하는 것이다.

다음으로는, 우리 국토에서 생산되는 산물은 우수하고 맛이 있어 산해진미를 이룬다. 이러한 식품을 먹고 사는 한국인은 맛의 감각이 발달되어 있다. 바다에서 나는 어류도 맛이 있으며 산천에서 생산되는 나물도 맛이 있다. 신토불이의 좋은 산물은 건강을 지켜주는 보약이나 다름없다. 예로써 산야에서 나는 두릅, 더덕, 도라지, 참나물, 취나물 등은 향미와 맛이 뛰어나다.

또한, 우리나라의 자연은 아름답다. 아기자기하게 펼쳐지는 산하는 어디를 막론하고 산고수려하다. 국토는 반도이고, 해안선은 아름다우며 다도해의 해상 국립공원은 절경을 이룬다. 여기에서 우리의 시각과 청각은 자연스럽게 발달되고 있다. 이렇게 좋은 자연 환경 속에서 감성적으로 인성이 함양되어 맛깔스럽게 또는 애절하게 살아가게 되는 것 같다

그러나 다른 한편으로 우리 민족성을 부정적으로 보면 정에 너무 치우쳐 비리에 물들어 있고 부정부패에 만연되어 있다. 무사안일 적당 일변도의 타성 속에서 민주주의라는 미명하에 머리 숫자로 옳고 그름을 적당히 가늠하면서 살아가고 있다.

오늘날까지도 지역적으로 또는 무슨 학연, 혈연 같은 인연으로 패거리가 형성되면 거짓과 진실이 가려지는 원시사회를 이룬다. 지도층일수록 갖은 욕심, 교만과 음욕으로 가득 차 있으며 자신의 영달이나 이권만을 위하여 거짓, 선동, 음해, 악담, 저주와 같은 비인간적인 짓을 일삼아 사회를 혼란스럽게 만들고 있다. 마치 당파 싸움을 보는 듯하다.

그래도 우리민족에게는 저력이 있다. 하는 짓이 망할 듯 망할 듯 위태로워 보이면서도 '하나님이 보호하사' 바른 길로 들어서곤 한다. 하늘의 은총이며, 민족의 저력이 아닐 수 없다.

꿈을 가지고
희망을 가지고

우리는 옛것은 뒤로하고, 오늘보다 내일은 더 정직하고 힘차게 살아가는 대한민국의 국민으로서 세계만방에 우뚝 서야 할 것이다.

찾아보기

ㄱ

가물치 263
가창오리 떼 160
갈조류 112, 120, 121, 123, 124, 125, 126, 240
감태 57, 119, 120, 125
공도 정책 64, 82
광투과층 166
광합성 색소량 44
국제 사법 재판소 54, 214, 268, 298
규산염 104, 105, 108
규조류 105, 108
극상 119, 157, 272
극지방 96

ㄴ

나카이 249
남조류 105, 112
남태평양 124
냉수대 79
냉수역 77
노량해전 61, 183
녹조류 112

ㄷ

다케시마 52, 53, 63, 92, 151, 256, 257, 268
대나무 52, 53
대륙붕 112, 114, 166, 198, 241, 266, 283
대마도 57, 94, 131, 132, 161, 162, 163, 200, 201
대화퇴어장 111, 112, 114, 115, 198, 242, 283

대황 56, 112, 119, 120, 122, 240, 262
독도수비대 65, 201
동도 74, 104, 246
동물 플랑크톤 107, 110, 287
동중국해 139
드리우 140

ㄹ

라이트 형제 59
러일전쟁 162, 163, 292
리만한류 57, 108, 114, 161, 248, 301
리아스식 연안 242
리앙쿠르 51

ㅁ

마크로시스티스 125
만주사변 223
망상어 112, 242, 261, 262
먹이사슬 44, 110
메기 262, 263
모리타니 160
모자반 120, 121, 123, 126, 158
무광선 수층 166
무광선 층 241
물꽃 48, 86, 105, 108, 287, 288
물덩이 83, 84
물리 화학적 성격 83, 84, 85, 95, 248
미국지명위원회 50, 52
미세조류 106, 107, 108
밀도 44, 55, 73, 87, 159

ㅂ

바다 트럼펫 120
북태평양 139
블루콘 현상 57 103 109
브레더 켈프 125

ㅅ

사르가소 해 126
사해 82
샌프란시스코 조약 170, 200
생체량 60, 106, 107, 110, 119, 120, 122, 166
생체에너지 106
생활환 125, 140, 141
서도 74, 106, 244, 246
성노예 223, 224
성어 262
세스톤 73
센카쿠열도 99, 139, 213, 214, 257
수괴 73, 75, 79
수문학 43, 44, 49, 57, 73, 74, 75, 76, 77, 79, 80, 84, 85, 96, 301
수산 자원 58, 76, 110, 114, 143, 242, 287
수소이온 농도 44, 73, 74
수온 44, 55, 56, 73, 74, 75, 76, 77, 79, 83, 96, 145, 240
수온 약층대 76, 79
수정관 261
수정란 261
수직 분포 75, 79
스플리트팬 켈프 125
시네마현 53, 64, 92, 95, 162, 255, 268
시베리아 96
식물 플랑크톤 44, 48, 103, 105, 106, 107, 108, 109, 110, 287

식생 138, 248, 249, 250
신한일어업협정 201, 268, 283, 297
심층해수 95, 96
심해 44, 83, 86, 90, 95, 114, 198, 239, 240, 241, 246, 248, 265, 272, 287

ㅇ

아귀 262, 264
아질산염 104, 105, 108
알긴산 120, 121, 125
어군 287, 288
어유 56
에토로프 섬 97
역전 현상 84
염도 44, 46, 49, 55, 73, 82, 83, 84, 85, 86, 87, 96, 240
염도 약층대 86, 87
염분 82, 85
영양염류 55, 57, 76, 96, 103, 104, 105, 106, 108, 109, 287
오키나와 137, 213, 215, 216, 217, 218
오호츠크해 127, 265
온수대 79
와류 109
외해 77
용승작용 48
용승현상 57, 103, 108, 109, 125, 160, 242
용존 산소량 55, 73, 74, 96
용출현상 288
우뭇가사리 140
우점종 105, 107, 112, 119, 157, 262, 274
원양성 86, 242
위안소 223, 224
유구왕국 213

을사늑약　65, 147, 164, 204 292
을사오적　279, 292
이산화탄소　97
이순신　61, 162, 182, 183, 184, 278
이화학적 성격　73, 240
인산염　104, 105, 106
일조량 43, 44, 49
임진왜란　182, 183, 185, 186, 278, 279

ㅈ

저서동물　110, 240
저서생물　122, 242
저층수　57, 109
전기뱀장어　241
정신대　223
제암리　204, 205
종군 위안부　191, 224
주권 미지정　50, 52
죽도　52, 53
증발량　43, 44, 49
지구 온난화 현상　97
지부티　124, 125
지질 유적지　239
질산염　104, 105, 106, 108

ㅊ

참나무　138
천연가스　96, 97
천연기념물　112, 119, 120, 158, 240, 244
청정수역　112
청정해역　95, 121, 129, 240, 262
체외수정　242

ㅋ

카라기난　125, 140
쿠로시오 난류　57, 94, 108, 114, 162, 248, 301
쿠로시오 해류　55, 58, 84, 94, 124, 161, 162

ㅌ

타히티 섬　124
태정관　64
태평양 전쟁　215, 216, 223

ㅍ

평화선　163
표층수　57, 76, 109
풍화작용　246

ㅎ

한려수도　61
한류　55, 56, 57, 61, 76, 108, 161, 198, 242, 265
한일어업협정　268, 283
해령　57, 95, 240, 241
해산　57, 240
해양주권　201
해조류　104, 106, 120, 122, 123, 124, 125, 126, 157, 159, 160, 240, 241, 261, 262
해중림　57, 104, 119, 120, 121, 122, 123, 124, 125, 126, 240, 241, 262
해중산　109
해황　56, 126, 144, 160, 249, 266, 287
홍도　159
홍순칠　65, 201, 291
홍조류　112, 122, 140
홍해　124